여자의 삶이 달라지는

정리의 마법

여자의 삶이 달라지는

정리의 마법

펴낸날 2020년 3월 20일
2쇄 펴낸날 2021년 3월 24일

지은이 손혜연
펴낸이 주계수 | **편집책임** 이슬기 | **꾸민이** 이슬기 이화선

펴낸곳 밥북 | **출판등록** 제 2014-000085 호
주소 서울시 마포구 양화로 59 화승리버스텔 303호
전화 02-6925-0370 | **팩스** 02-6925-0380
홈페이지 www.bobbook.co.kr | **이메일** bobbook@hanmail.net

ISBN 979-11-5858-648-5 (03590)

※ 이 도서의 국립중앙도서관 출판시도서목록(CIP)은 e-CIP 홈페이지(http://www.nl.go.kr/cip)에서 이용하실 수 있습니다. (CIP 2020010189)

여자의 삶이 달라지는

정리의 마법

미니멀 라이프 전문가 실전 노하우

손혜연

여는 글

'정리'하면 어떤 것들이 떠오르나요?

성향과 기질에 따라 목표와 결과물은 다르겠지만 '정리'가 잘 된 모습을 보거나 상상하면 대부분 기분이 좋아집니다. 그러나 집안 정리의 수석코치인 여자, 엄마들에게 정리는 제대로 풀지 못하는 '숙제'가 되기도 합니다.

저 역시 깨끗하게 정리된 모습을 동경했고, 일하면서 아이 키우느라 효과적인 정리 방법에 늘 목이 말랐습니다. 많은 물건을 반복해서 정돈해 놓는 것이 최선일까 하는 의문을 가지면서요. 짧지 않은 기간 큰 회사 쇼핑몰에서 마케터, 홍보역할을 하며 다양한 물건을 접하고 구매할 기회도 많았던 터라 마음의 중심 잡기가 꽤 필요했습니다. 할 일이 많으니 머릿속도 늘 복잡했습니다.

그런데 계속 공부하고 시행착오도 겪으며 살펴보니, 복잡한 생각과 공간을 정리하면 기분 좋아지는 현상에 연결고리가 있다는 중요한 사실을 알게 되었습니다. 불필요한 것을 덜어내고 중요한 것에 집중하면 그것들이 더욱 빛난다는 사실을요.

비슷한 고민과 숙제를 안고 있는 사람들과 나누고 싶습니다. '삶을 정리'하면 얼마나 많은 것들이 놀랍게 변화할 수 있는지 말입니다. 이를 바탕으로 강의를 통해 나누었던 수많은 콘텐츠와 수강생들에게 받은 생생한 실천 피드백으로 업그레이드된 소중한 지혜들. 그 내용을 이 책에 담았습니다.

책은 총 6장으로 구성되어 있습니다. 정리의 필요성부터 머릿속을 가볍게 하는 생각정리 방법, 스트레스가 아닌 즐겁게 실천하는 공간정리 노하우가 있으니 평소 해결이 되지 않은 부분부터 읽어도 괜찮습니다. 그러나 되도록 처음부터 차근차근 읽어보세요. 생각정리 후 공간정리를 하면 공간이 달리 보이기 때문이지요. 또한, 책 사이사이에 정리된 '마법의 정리 액션'을 하나씩 생각해보고 실천해 보는 것도 도움이 될 것입니다.

정리를 위해 불필요한 수납 도구와 가구를 사지 않고, 많은 시간을 쓰지 않으면 좋겠습니다. 내 것이 아닌 어려운 수납 기술과 어설픈 정리 인테리어를 따라 하며 스트레스받지 않으면 좋겠습니다. 다만 '정리'가 번거롭고 귀찮은 일이 되어 포기하지 않도록 나뿐 아니라 가족 모두가 함께 정리를 배우고 실천하는데 이 책이 마중물이 되었으면 합니다. 진행하는 수업에 남성들도 많은데 진가를 발휘하지 못했을 뿐이지, 속도도 빠르고 정말 잘해냅니다. 제대로 정리할 기회가 없었던 것뿐이지요. 혼자 힘들어하지 말고 함께 정리하는 노하우도 실천해 보세요.

정리는 스스로 판단하며 몸을 움직일 수 있을 때까지 평생 해야 할 일입니다. 하루아침에 반짝 끝나는 이벤트가 아니란 얘기지요. 처음에는 서툴고 어렵지만, 정리 시스템만 잘 갖추면 하루 7~10분 짧은 투자로 생각과 공간을 정리하며 살 수 있습니다. 이 책의 마지막 장에는 냉장고에 붙여 두고 셀프 정리할 수 있는 요령을 요약해두었습니다. 정리라는 좋은 습관이 삶을 변화시키는 귀한 지혜가 되면 좋겠습니다. 큰 것을 바라지 않습니다. 여러분이 이 책을 통해 정리의 발걸음을 내딛는 계기가 되길 바랍니다.

우리를 계획하고 만드신 하나님과 최고의 지원자이자 소울메이트인 남편, 그리고 멋지게 잘 자라주고 있는 쭌쭌이와 너무나 소중한 양가 부모님. 이들이 있어 제가 있습니다. 진심으로 감사하고 영원히 사랑합니다.

또한, 이 책이 나오기까지 많은 도움을 주신 정형권 대표님, 도서출판 밥북 주계수 대표님과 편집자 여러분, 그리고 호흡을 함께하며 열정과 수고를 나눈 수강생 한분 한분께 감사의 인사를 전합니다.

두근거리는 새벽. 손혜연

index

4장_ 가족과 함께하는 정리의 즐거움

5장_ 채움, 비움, 나눔

6장_ 셀프정리 꿀팁 10

1장

여자의 삶에 정리가 필요한 이유

1. 사고는 싶고 정리는 안 되고

"We shape our buildings, there after they shape us."
사람은 공간을 만들고 그 공간은 다시 사람을 만든다.
– 윈스턴 처칠(Winston Leonard Spencer Churchill)

물건이 많은데 계속 사고 싶어요

당신이 가지고 있는 물건은 몇 개나 되는가? 아마 셀 수도 없을 만큼 많은 것들을 가지고 있을 것이다. 하지만 우리는 또 무언가를 산다. 필요한 것인지 단순히 원하는 것인지 구별하지 않고 산다. 집에는 각종 물건과 음식이 차곡차곡 쌓인다. 정리 수업 중 자주 받는 질문이 몇 가지 있다. 그중 하나가 "집에 물건이 많다는 것도, 비워야 한다는 것도 알겠는데 그래도 계속 무언가 사고 싶어요"이다. 소유와 소비의 욕구는 인간에게 자연스러운 일이다. 특히 여자에게는 더욱더 그렇다. 조금만 둘러보아도 우리의 소비욕구를 자극하는 손짓이 넘쳐난다. 이뿐인가. 마음만 먹으면 모든 정보를 손쉽게 검색할 수 있는 세상에 살고 있다. 인터넷 쇼핑은 더 많은 물건을 손 쉽게 소유할 수 있는 지름길이 되었다. 아이가 태어나 엄마 아빠 다음으로 배우는 말이 '태빼태빼~'(택배 왔어요)라는 우스갯말이 나올 정도이다.

견물생심이라고 세제가 필요해 쇼핑몰에 들어갔다가 장바구니 할인 유혹에 이것저것 물건을 추가로 채우고 뿌듯한 맘으로 쇼핑을 끝내고는 한다. 계획에 없던 물건을 사도 '이 물건은 필요했던 것 같아. 뒀다가 나중에 쓰면 되지' 하면서 소비를 합리화시킨다.

가지고 있는지 모르고 또 사거나 심지어 상표도 떼지 않은 채 그대로 보관만 하는 것들도 자주 발견된다. 이런 일을 반복해 집에 많은 것들이 쌓이면 결굴 물건을 모시고 사는 셈이 된다. 자리를 차지하고 관리해야 하는 것들이 늘어나니 공간과 마음의 여유도 줄어들게 된다. 물건을 구매하는 기쁨은 잠시, 공간이 좁아지고 치워야 하는 일이 늘어나면 또 다른 불편함이 생긴다.

머무는 공간에는 목적이 있다. 집에서는 휴식이, 사무공간에서는 집중이 필요한데 무심코 채우는 물건 때문에 공간 효율성이 낮아진다. 정리하지 않는 사람들은 어질러져 있는 것이 익숙해 어차피 치워도 그 상태라며 정리를 미루거나 포기하는 것을 정당화하기도 한다. 하지만 이런 일이 반복되다 보면 본인도 모르게 부정적인 영향을 지속적으로 받게 된다. 정리를 하면 자기관리가 수월해진다. 하지만 정리를 포기하는 것은 공간과 물건의 주인 역할을 제대로 하지 않고 있다는 시각적 증명이 되기도 한다.

정리의 기준은 사람마다 다를 수 있고 타인의 눈높이에 맞추려고 애쓰지 않아도 된다. 다만 내가 관리해야 하는 공간, 나아가 생각과 마음의 정리를 어떻게 하는가에 따라 그 효과가 달라진다. 정리를 하면 불필요한 것을 덜어낼 수 있기에 더 중요한 것들이 구별되고 내 안의 나를 들여다보기 수월해진다.

맛집은 대표 메뉴에 집중한다

맛집을 예로 들어보겠다. 많은 사람이 붐비는 맛집은 메뉴가 많지 않다. 제일 잘하는 대표 음식 한두 가지에 집중한다. 손님 또한 고민하지 않고 대표 메뉴를 고른다. 불필요한 것에 신경 쓰지 않고 주력 메뉴에 집중하니 음식 맛이 더욱 좋아질 수밖에 없다. 반면 다양한 메뉴가 있는 음식점은 보통의 맛은 유지할지 모르지만 대표하는 음식을 만들기가 쉽지 않다. 음식을 만드는 사람도 손님도 어떤 음식이 최선인지 고민해야 한다. 요즘 유행하는 맛집 컨설팅 프로그램에서도 어떤 메뉴에 집중해야 하는가를 두고 전문가와 많은 고민을 한다. 성공하는 맛집을 만드는 가장 중요한 요소이기 때문이다. '선택과 집중'을 하면 결과는 더욱 깊이 있고 정교해진다.

선택지의 다양성에 관한 실험이 있다. 선택의 역설 the paradox of choice 현상을 설명하는 실험이다. 2000년 즈음 시나 아이엔가 sheena lyengar 와 마크 레퍼 mark lepper 박사가 캘리포니아의 한 식료품점에서 6종의 잼과 24종의 잼을 따로 진열하고 어떤 방법이 더 잘 팔리지는 관찰하였다. 어느 쪽이 더 많이 판매되었을까? 실험결과 24종의 잼을 진열했던 방식은 사람의 관심을 끌기는 했지만 실제 판매는 6종류의 잼만 진열한 쪽이 10배, 재구매는 무려 15배가 높았다. 이 현상은 선택지가 많을 경우 내 선택의 불신과 선택하지 못한 것에 대한 미련이 남아 만족도 높은 구매로 이어지기 힘들다는 것을 보여준다. 반면 적정량의 선택지가 있을 경우 선택이 더 수월하고 상대적으로 만족스러운 의사결정을 한다는 원리이다.

맛집이 주력 메뉴에 집중하고 적정량의 선택지가 덜 후회하는 선택을 하게 만들 듯 가치 있는 물건과 중요한 생각에 집중하는 것은 삶을 단순하고 경쟁력 있게 만드는 지름길이다.

선택과 집중이 쉽지 않을 수 있다. 그럴 때는 소유의 시각을 조금 바꿔보자. 이미 당신이 가지고 있는 물건을 가치 있게 쓰고 있는지, 사고 싶은 물건은 에너지와 시간을 들여 구매할 만큼 의미가 있는지 한걸음 뒤에서 객관적으로 점검해보면 선택의 관점이 달라진다. 물건과 정보, 생각이 넘치는 사회에 사는 당신에게 정말 필요한 것이 무엇인지, 정리는 중요한 것을 잘 남기는 방법을 고민하게 한다.

자신과 가족을 위해 꼭 남기고 싶은 것들은 무엇인가?

2. 정리 잘하는 사람 vs 정리 못 하는 사람

정리를 못 하는 건 집안 내력일까?

정리력도 유전이 될까? 관련 의학 연구결과를 본 적은 없지만 아마도 그렇지 않을 것 같다. 설사 정리 관련 유전자가 존재해 가족력으로 이어진다 하더라도 정리는 얼마든지 변할 수 있는 후천적 습관이다. 그런데 주변에 정리를 잘 못 하겠다며 집안 내력이나, 유전 핑계를 대는 사람들이 있다. 이런 변명이 한편으론 수긍이 가기도 하는 것은 정리습관이 자리 잡는데 가정과 주변 환경이 일정 부분 영향을 주기 때문이다. 하지만 정리력은 정리의 필요성을 느껴 개선의 노력을 얼마나 하는지에 따라 무조건 성장할 수 있는 기술이자 습관이다. 그러면 정리의 필요성을 공감하면서도 정리력은 왜 키가 자라듯 꾸준히 성장하지 않을까?

– 엄마가 알아서 해주어서

바쁘고 서툰 자녀들을 배려하는 마음으로 많은 부분을 엄마가 직접 한다. 덕분에 엄마 일은 줄지 않고 자녀들은 본인이 해야 할 일이 아니라고 생각하게 된다.

– 배우지 않아서

유치원 이후에는 학교에서 제대로 배울 기회가 없다. 바느질보다 중요한 삶의 기술인데 말이다.

– 귀찮아서

스스로 하는 정리의 기쁨을 맛보지 않았으니 배움의 필요성도 못 느낀다. 누군가 해주면 좋고 내가 하기는 귀찮은 숙제가 된다.

가정에서부터 가르치지 않고 배우지 않으니 꾸준히 정리 습관을 가질 기회를 놓쳐 버린다. 수강생 중 많은 사람이 자녀에게 어릴 적부터 정리교육을 따로 하지 않은 것을 후회한다고 말한다. 시간은 걸리겠지만 지금도 늦지 않으니 특성에 맞게 지혜를 발휘해 보길 권한다. 가족 모두가 함께하면 더욱더 효과가 좋은 것이 정리이다.

고마츠 야스시는 그의 책 『정리정돈의 습관』에서 정리가 잘 안 되는 사람을 다이어트에 비유해 3가지 유형으로 나누어 설명했다.

유형 ① 관련 지식은 많으나 실천은 미뤄두고 안 하는 타입.
유형 ② 행동해 보려고 하지만 금방 그만두는 작심삼일 타입.
유형 ③ 끝까지 한번은 해보지만 다시 처음으로 돌아가는 요요타입.

당신은 어디에 속하는가? 수업에서 정리의 고민을 가진 수많은 사람을 만나는데 꽤 많은 사람이 첫 번째 유형이었다. 관심은 있는데 막상 하려니 귀찮고 어렵다며 여러 가지 이유로 미뤄둔다. 게으름과 미루기는 인간이 가진 본성이지만 그것을 이겨내는 힘은 성공경험에서 나온다. 힘들게 정리 후 느끼는 상쾌한 기분은 다시 몸을 움직이게 한다. 이는 경험해본 사람만이 알 수 있다. 마치 다이어트나 운동을 열심히 한 사람이 변화의 즐거움을 알게 되면 번거롭고 귀찮아도 계속하는 것처럼 정리도 습관이 되면 귀찮은 일이 아닌 생활의 일부분으로 자리 잡게 된다.

정리에도 선순환과 악순환이 있다

정리의 필요성을 알고 이를 실천하려는 사람은 일상에서 소소한 정리를 실천한다. 앞으로 그 방법들을 자세히 설명하겠지만 정리를 습관화하면 속도가 빨라지고 공간과 물건뿐 아니라 다른 정리들도 수월해진다.

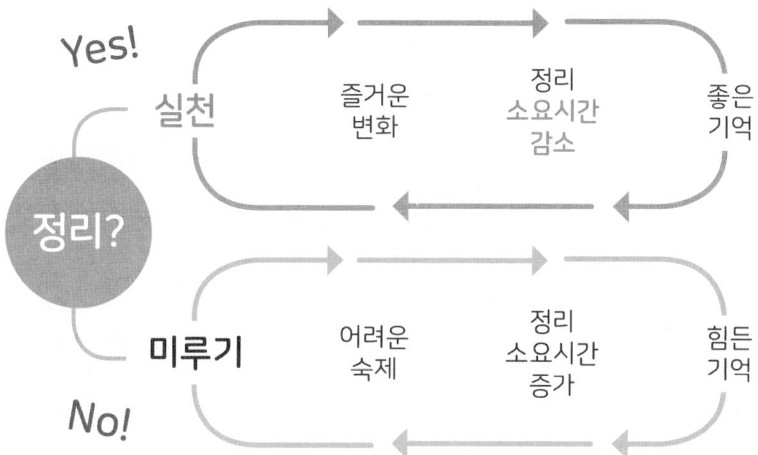

정리의 선순환과 악순환

반면 정리를 하지 않거나 미루는 사람의 생각, 환경은 마치 묵은 때처럼 점점 더 복잡하고 지저분해진다. 한번 해보려고 해도 어디서부터 손을 봐야 할지 모르겠고 일이 커질 것 같아 이내 포기하고 만다. 그러니 현재 상황을 변화시키는 일이 어려울 수밖에 없다. 바로 '정리의 악순환 사이클'이 반복된다. 정리의 선순환 사이클에 들어서면 정리 상태는 더 좋아지고 정리에 쓰는 에너지와 시간이 오히려 줄어든다. 더불어 중요한 것이 무엇인지 파악할 수 있어 집중할 수 있다.

정리를 잘하든 못하든 정리가 잘 되어 있는 상태를 싫어하는 사람은 없다. 정리를 못 하는 사람도 필요성은 알지만 실천하지 못해서 정리가 안 될 뿐이다. 안 하는 사람은 뒤로 미룰 수밖에 없는 핑계를 만들고 정리의 습관과 기쁨을 알게 된 사람은 정리해야 할 이유를 말한다. 당신은 어떤 모습인가? 머리와 마음은 선순환을 타고 싶지만 몸과 행동은 따라주지 않는다면 작은 것부터 시작해보자.

KBS에서 제작한 〈습관〉(2010)이라는 프로그램은 참가자들이 기존의 나쁜 습관을 끊고, 좋은 습관으로 변화시키기 위한 목표와 이에 따른 실천을 관찰한다. 그중 한 여성 참가자는 정리정돈 습관을 만들기 원했는데 방 상태가 꽤 심각해 보였다. 그러나 변화의 목표를 정한 뒤 매일 귀찮더라도 미루지 않고 침구 정리부터 하나씩 실천하고 기록한 결과 몇 달 뒤 놀라운 변화가 나타났다. 깨끗한 정리 상태는 물론이거니와 이제는 하지 않으면 불편한 정리습관까지 얻게 된 것이다. 그뿐만 아니라 해보니 되는구나 하는 자신을 믿는 자신감, 즉 자존감이 높아지고 당당하게 취직에 성공하는 등 좋은 결과들이 덤으로 나타났다.

정리는 인생을 변화시키는 중요한 핵심습관이라고 정의할 수 있다. 할 수 있는 행동을 작게 나누고 세분화해서 힘들어도 실패해도 하나씩 반복해 보는 것이다. 이 책에도 크고 거창한 것이 아니라 생활 속 작은 실천을 통해 한 계단씩 변화되는 삶을 느껴보는 기회가 되기를 바라는 마음을 담았다.

3. 정리의 나비효과

정리를 잘하면 어떤 점이 좋을까? 정리를 하고 싶지만 제대로 못 하는 사람도, 정리가 귀찮은 사람도 정리의 긍정적 효과는 부인하지 못한다. 그러면 정리를 하면 어떤 긍정적인 효과가 있는지 한번 자세히 살펴보자.

긍정적 감정을 만들어준다

정리 후 상쾌한 기분을 느껴보았는가? 정리를 위해 시간, 에너지를 쓰고 심지어 먼지까지 먹었는데도 정리 후 깨끗해진 공간을 보면 기분이 좋아진다. 뒷장에 생각정리와 공간정리의 상관관계에 대해 다시 다루겠지만 정리상태가 심리적으로도 영향을 준다는 '아들러 심리학' 연구결과도 있다. 일상생활에서 대청소가 아닌 작은 정리만 잘 실천해도 긍정적 나비효과가 나타나는 것이다.

공간의 활용성이 높아진다

정리하지 못하는 이유를 물으면 다양한 답변이 나오지만 그중 하나가 '공간이 부족해요'라는 말이다. 그렇다면 작은 공간에 사는 사람은 늘 정리가 안 되고, 넓은 공간에 살면 항상 정리가 잘 될까? 그렇지는 않다. 물건에 비해 공간이 부족하다고 느끼면 공간이 아니라 가지고 있는 물건을 먼저 들여다 보아야 한다. 특히 많은 여성들이 어려워하는 옷 정리는 입는 옷보다 안 입는 옷이 자리를 차지해서 어려운 경우가 많다. 책도 마찬가지이다. 책장이 있으나 보지 않는 책들이 자리를 차지해 정작 봐야 할 책을 꽂지 못하는 상황이 생긴다. 필요하지 않은 물건을 정리하면 생각보다 여유 공간이 늘어나고 동선 또한 개선된다. 집안일이나 업무를 할 때, 일의 효율성을 높이기 위해서는 움직이는 행동반경인 이 '동선'이 중요한데 정리가 안 된 상태에서는 업무 흐름에 영향을 준다. 정리를 통해 공간을 그려 파악하고 목적에 맞게 물건을 배치하면 효과적으로 공간을 사용할 수 있는 다양한 방법이 보인다.

시간과 돈의 낭비를 막을 수 있다

미국의 생산성 전문가인 줄리 모건스턴Julie Morgenstern은 "우리가 가지고 있는 물건을 그때그때 제대로 정리만 해도 정리하는 시간이 40% 이상 줄어든다"고 말한다. 여러 번 언급했고 또 하겠지만, 정리는 목적이 아닌 삶의 효율을 높여주는 수단이다. 그렇기에 정리에 많은 시간과 에너지를 쓰지 않아야 한다. 우리에게 시간과 돈, 에너지는 소중한 것이고 쓸 수 있는데 한계가 있기 때문이다. 그럼에도 정리는 매일 해야 하는 일이기에 나에게 맞는 효과적인 방법을 배우고 찾는 것이 중요하다.

정리를 하면 물건을 찾아 헤매거나 생각정리가 안 된 채 우선순위 없이 일하느라 낭비되는 시간을 줄일 수 있다. 정리를 열심히 하면 그 순간에는 불필요한 시간을 쓰는 듯 보이지만 결과적으로는 효율성을 높여줌으로써 더 많은 시간을 절약시켜주는 셈이 된다.

또한 정리를 하면 가지고 있는 물건의 재고를 제대로 파악할 수 있으므로 물건을 또 사거나, 물건의 재발견을 통해 불필요한 돈이 새나가는 것을 방지할 수 있다. 실제로 정리를 배운 후 습관적으로 마트에 가는 일, 기분 따라 계획 없이 충동구매하는 것만 줄였는데도 생활비가 1/3가량 절약되었다고 자랑하는 사람이 꽤 있다. 무조건 소비를 하지 말라는 것이 아니라, 내가 가지고 있는 것들을 정리하고 자세히 살펴보면 제대로 된 소비를 할 수 있다는 말이다. 그야말로 꼭 필요한 것들만 남을 수 있도록 하는 것이다. 이렇게 해서 남긴 물건들은 오래도록 그 가치를 활용할 수 있도록 잘 관리해주면 된다. 생각도 마찬가지이다. 내 머릿속에 들어 있는 생각의 우선순위를 정하지 못하고 에너지를 낭비하고 있다면 생각정리를 통해 중요한 것들만 남기고 그것을 해결하기 위해 집중하면 된다. 그러면 같은 시간을 써도 좀 더 효과적으로 생각의 에너지를 활용할 수 있다. 생각을 잘 정리하는 방법은 뒤에서 자세히 다룬다.

이 밖에도 정리의 긍정적인 나비효과들은 무궁무진하고, 사람마다 느끼고 얻는 것도 다르지만 중요한 것은 작은 실천을 통해 그 변화들을 경험할 수 있다는 것이다. 정리가 어렵다거나 엄두가 안 난다고 느끼는 사람들은 한꺼번에 모든 것을 변화시키려 하기 때문에 시작부터 힘이 든다. 이 책을 통해 함께 나누고 싶은 정리의 궁극적 목적은 작은 것부터 하나씩 실천해 보며 정리를 가치 있는 삶의 도구로 만드는 것이다. 정리를 통해 당신의 삶에 긍정적인 나비효과들이 일어나길 바란다.

4. 정리 후 이렇게 달라졌어요

'내 삶은 정리를 실천하기 전후로 나뉜다.'

누군가 내게 인생의 전환점을 묻는다면 정리를 제대로 실천하기 시작한 이후라고 말하고 싶다. 그만큼 정리라는 기술을 통해 삶에 많은 긍정적 변화들이 생겼고 그전에 비해 삶을 주도적으로 살아가는 힘을 얻었다. 그래서 지금도 열심히 정리력을 키워나가고 있다. 강의할 때도 직접 배우고 경험한 것들을 바탕으로 시행착오를 줄일 수 있는 방법을 나누려고 한다. 하지만 아무리 좋은 얘기를 반복해서 들어도 실천하지 않으면 내 것이 되지 않는다. 나 또한 끊임없이 읽고 배우지만 행동으로 옮기지 않는 것들은 남지 않는다.

'정리'를 통해 다양한 사람들과 그에 따른 여러 사례를 만나게 된다. 수업을 듣거나 코칭을 의뢰하는 사람들은 '이번에는 제대로 정리 해보겠다'고 마음을 먹고 온다. 실천에 따라 한 발자국 앞으로 나가는 행동으로 옮기는 것만으로도 충분히 칭찬 받을 만한다. 여러분들도 정리를 통한 변화를 기대하며 이 책을 읽을 테니 이미 앞으로 나가 있는 셈이다. '하면 좋지, 배우면 좋지' 하면서도 언제가 해야 할 숙제처럼 늘 미뤄두는 경우가 일반적이다.

나와 함께 정리의 배움을 나누며 적극적인 실천을 통해 삶의 변화를 경험한 몇 가지 사례를 들려주고 싶다. 작은 것부터 실천한 이웃의 이야기이다.

사례1 아이 넷과 함께하는 정리의 삶, 사랑스러운 사 남매 맘 은주님
"수많은 아이 물건에 둘러싸여 있어도, 이제는 정리할 방법이 보여요."

Q1. 본인과 가족소개 부탁드려요.

11살, 9살, 8살, 3살 네 아이를 둔 39살의 사남매 맘입니다.
요리나 꾸미는 것에 취미가 없는 저는 화장품은 스킨과 로션, 주방도구는 냄비와 프라이팬 하나면 충분했고, 옷도 장신구도 많지 않은 편이라 자취할 때는 집을 치울 일이 별로 없었어요. 그야말로 가벼운 삶을 살고 있었죠. 그러다 물건을 사용한 후 원래 자리가 아닌 쓴 자리에 그대로 두는 남편을 만났고, 아빠를 닮아 구석구석 뒤져 물건을 꺼내기 좋아하는 네 아이들이 태어났지요.

Q2. 결혼 후 많은 것들이 변했겠네요. 평소 정리에 대한 생각은 어땠나요?

신혼 초까지만 해도 물건이 많지 않아 사실 정리에 대한 생각을 별로 하지 않았어요. 그저 제자리에 넣고 바닥을 쓸고 닦으며 가구들의 먼지만 치우면 그것이 정리고 청소라 여겼던 것 같아요. 그러다 아이들이 하나둘씩 태어나고 점차 물건들이 늘어나면서 혼란이 시작되었죠. 물건의 자리를 잡아야 하는데 자리 잡기가 저에겐 너무 힘든 과제였어요. 가위는 미술놀이에 쓰지만 자주 이용하다 보니 미술도구함에 넣어야

할지 연필꽂이에 넣어야 할지… 그런 사소한 소품들부터 혼란이 오기 시작했습니다.

Q3. 정리를 배우고 나서 어떤 점이 달라졌나요?

늘 풀리지 않는 고민만 하다가 우연한 기회에 선생님의 정리수업을 듣게 되었어요. 수업시간에 선생님을 통해 정리라는 것이 공간과 물건에만 국한된 것이 아님을 알게 되었을 때는 '유레카'라도 외치고 싶었어요. 정리가 잘 안 되는 이유를 환경에서만 찾았거든요.
네 아이를 키우며 손이 갈 일이 많았던 터라 이미 마음이 지쳐있었고, 우선순위 없이 뒤죽박죽 일을 하다 보니 능률도 오르지 않았어요. 전체를 다 치워야 한다는 압박감에 처음부터 엄두도 내지 못했던 일들을 수업을 듣고 난 후부터는 조금씩 나눠서 하기 시작했습니다. '그래 오늘은 여기 서랍부터, 내일은 냉장고 한 칸을 치워볼까?' 하며 일의 순서를 정하고 계획을 잡으니 마음의 부담감도 덜어지게 되더라고요. 볼 때마다 힘들었던 공간들이 하나하나 변하는 모습을 보니 이제는 시작할 때도 기분 좋은 기대감으로 팔을 걷어붙이게 됩니다. 더욱 신기한 것은 정리할수록 뒷정리하는 속도가 더 빨라진다는 사실입니다. 선생님과 함께 집 전체를 떠올리며 생각과 공간정리를 함께하는 법도 배웠는데, 정리하기 전에 생각해보고 원하는 바도 적어보며 정리 방법을 미리 떠올리니 시행착오도 훨씬 줄어들었어요.
무엇보다 변화된 것은 학교에 입학한 아이가 친구를 데려오고 싶어도 지저분한 집이 늘 신경 쓰여 안 된다고만 했는데, 이제는 언제든 열려 있는 집이 되어서 아이도 참 좋아해요. 가끔 이웃들과 차도 마시면서 공간을 함께 나누고 생각을 얘기하는 것도 또 다른 기쁨이 되었어요.

사례2 나이가 들수록 더 필요한 정리, 환한 미소 정숙님
"딸 시집보내고 손녀도 키워보니 더 필요한 것이 정리인 것 같아요."

Q1. 본인과 가족소개 부탁드려요.

⋯› 결혼한 딸과 든든한 아들, 그리고 이해심 많은 남편과 살고있는 엄마이자 아내이자 할머니입니다. 딸은 시집가서 예쁜 손녀를 낳았는데 맞벌이를 하느라 우리 집에서 함께 지내고 있어요. 그러다 보니 짐이 줄지 않고 계속 늘어나네요. 3대가 함께 살아서 다복하고 좋지만 치우고 정리하는 일을 못 해서 늘 숙제처럼 고민되었습니다.

Q2. 손주가 한참 손이 가서 바쁘실 때인데 정리 수업을 들으신 이유가 있나요?

⋯› 결혼하고 살림을 오래 하다 보니 나만의 방식으로 집을 가꾸고 살았는데, 무언가 늘 아쉬운 부분이 있었어요. 아이들을 키울 때도 공부하느라, 회사 다니느라 바쁠 테니 직접 하라고 시키기보단 제가 대신해주는 경우가 많았지요. 남편도 마찬가지고요. 그러다 보니 정리는 늘 내 몫이 되어 힘들면 미루게 되더라고요. 한창 호기심 많은 손녀딸 주변도 깨끗하게 유지해줘야 하는데, 나뿐만 아니라 가족 모두에게 제대로 된 정리습관과 요령이 필요하겠구나, 절실히 깨닫게 되었어요.

Q3. 정리 수업을 듣고 어떤 점이 달라지셨어요?

⋯› 어릴 때부터 정리교육이 필요하다는 선생님 말씀에 공감했어요. 특히 자녀의 정리습관은 학습집중력 상승과 자기관리 측면에서도 중요한 지혜라는 것을 알려주셔서 사랑하는 손녀와 즐겁게 정리를 실천해야겠

다는 생각이 들었습니다. 그리고 생각정리를 통해서 나를 돌아보는 시간도 갖게 되었지요. 머릿속에 있는 생각들을 꺼내보고 내가 할 수 있는 일들에 집중해 우선순위를 정해보는 것도 참 유익했습니다.

Q4. 정리를 어떻게 실천하고 계세요?

⋯› 수업을 통해 모든 물건에는 돌아가야 할 제자리, 즉 집이 있다고 배웠어요. 대가족이 살다 보니 안 보이는 물건 찾는 일이 많았는데, 함께 쓰는 물건들의 집을 제대로 만들어 주고 나니 시간 낭비하는 일이 훨씬 줄어들었어요. 가족들에게도 잘 설명해주고 정리하는 요령도 알려주었더니 전보다 덜 어지르는 것 같아요(웃음). 하루아침에 뚝딱 변하지는 않겠지만, 정리를 하나씩 실천하고 있는 요즘은 성취감도 느끼고 머릿속도 정리되는 느낌이라 기분이 좋습니다. 할머니가 열심히 배우고 실천하고 있으니 우리 손녀도 잘 따라 할 수 있겠지요?

사례3 워킹맘의 일과 정리, 여행가족 영선님

"일도 잘하고 집도 깔끔했으면 하는 바람을 이루는 도구가 정리더군요."

Q1. 본인과 가족소개 부탁드려요.

⋯› 반갑습니다. 저는 책과 여행, 인테리어를 좋아하는 40대 중반의 워킹맘입니다. 씩씩하게 잘 자라고 있는 14살, 11살 두 아들을 둔 엄마이자 출장이 잦은 바쁜 남편을 둔 아내이기도 합니다. 아무래도 일을 하다 보니 친정엄마가 아이들을 돌봐주시고 대부분의 집안 살림도 해주

십니다. 남편은 저보다는 본인 물건을 잘 정리하는 편이지만 집안 일은 큰 관심이 없어요. 이런 상황 때문에 우리 가족은 물건을 찾는데 항상 많은 시간을 보냈어요. 엄마는 부지런하셔서 물건을 끊임없이 바쁘게 치우셨는데요. 정작 필요한 물건이 어디 있는지 여쭤보면 어디 잘 두었다고만 하시고 못 찾는 상태가 10여 년간 반복되었지요. 하루는 필요한 책을 찾았지만 결국 어디 있는지 찾지 못해서 아이들이 숙제를 못 해간 적도 있었어요(웃음).

Q2. 평소 정리에 대한 생각은 어땠어요?

…› 정리는 꼭 잘하고 싶은 것 중 하나였어요. 새해 목표를 적을 때 소위 '정리의 여왕'이 빠진 적이 없었습니다. 그런데 정작 정리를 제대로 해본 적은 없는 것 같아요. 특히 버릴 줄을 몰랐습니다. 정리는 항상 크고 막연한 숙제였어요. 잘하고 싶지만 한 번도 잘한 적이 없는 상태가 지속되었습니다. 워킹맘이기에 시간은 없고 숙제는 해결하고 싶은 상황이 반복되어서 답답했어요.

Q3. 그러면 정리법을 배우고 나서 어떤 점이 달라졌나요?

…› 선생님께 정리하는 법을 하나씩 배우고 나니 오히려 정리에 대해 편안한 마음을 갖게 되었어요. 정리는 목표가 아니라는 선생님의 말씀에 깊게 공감했구요. 또 내가 직접 할 수 있겠다는 생각도 들었고, 큰 숙제처럼 보이던 정리를 세분화해서 하나씩 하면 되겠다고 마음먹게 되었지요. 선생님의 생각과 공간정리 수업을 듣고 배우는 것만으로도 기분이 좋아지고 머릿속이 맑아지는 듯 홀가분한 기분이 들었습니다. 아직도 완벽하지 않지만 집이 하나씩 정리될 때마다 아이들이 좋아하는 모

습을 보며 보람도 느껴요. 특히 달라진 점은 외출할 때 시간이 획기적으로 줄었다는 점입니다. 공간을 미리 생각해보고 정리방법을 바꿨더니 매번 입을 옷, 지갑, 자동차 열쇠를 찾아다니던 동선이 줄어 준비시간이 정리수업 전보다 3분의 1 이상 단축되었어요.

그리고 또 달라진 점 중 하나는 물건을 살 때 매우 신중해졌다는 거예요. 예전에는 어디 있는지 몰라서 입을 옷이 없다고 느꼈는데 정리하고 분류했더니 이제는 입을 옷이 줄을 서서 기다리고 있습니다(웃음). 정리를 먼저 고려하니 옷뿐만 아니라 모든 물건을 들일 때 더욱 신중해졌어요. 정리를 잘하면 돈을 덜 쓰게 된다고 하셨는데, 실제로 새어나가는 돈도 줄어든 것 같아요. 참, 일하면서 생각정리 도구도 활용하고 있어요. 막연했던 것들을 눈에 보이게 하고 논리적으로 풀어내는 것도 정리의 큰 장점인 것 같습니다. 정리로 할 수 있는 것들이 참 많은 것 같아요.

Q4. 정리했던 곳 중 특별히 기억에 남는 곳이 있나요?

…› 창고방이 드라마틱하게 정리되었지만 신나게 빼고 자리 잡고 하느라 정리 전 사진을 못 남겨서 아쉽네요. 창고방에는 큰아이가 한 살 때 가지고 놀던 장난감까지 자리를 차지하고 있었습니다. 덕분에(?) 아이들이 활용할 공간은 좁았지요. 쓰지 않는 물건들이 주인이었던 공간들을 하나둘씩 정리하고 아이들에게 그 공간들을 돌려줄 수 있게 돼서 다행이라 생각하고 앞으로 꾸준히 정리해야겠다고 다짐했습니다. 하나하나 작은 정리를 통해 집이 더욱 소중해지는 경험을 하게 되었고 친정엄마, 남편과도 배운 대로 나누고 함께 실천해 보려고 해요. 아이들이 부지런히 어질러도 잔소리보다는 함께 치울 수 있는 교육도 할 수 있게 되어서 평생 가는 좋은 지혜를 얻은 것 같아 감사할 뿐입니다.

정리를 통해 많은 사람들이 다양한 형태로 변화된 삶을 고백해 줄 때마다 감사하고 뿌듯함을 느낀다. 위 인터뷰에 나왔던 네 아이 맘 은주님은 수업에 참여할 당시 막내가 5개월밖에 안 되었음에도 분유와 기저귀를 큰 가방에 챙겨 이른 아침 수업을 들으러 오셨다. 다른 남매들이 기관과 학교 다녀오기 전에 실천하겠다며 집에 귀가하자마자 그날 배운 내용을 토대로 정리해보고 제일 먼저 사진을 찍어 보내고는 했다.

실천하기 쉽지 않은 다양한 상황들도 있고 귀찮기도 하지만, 일단 마음먹고 하나씩 실천하다 보면 변화가 시작된다. 다음 변화의 주인공은 당신이다.

5. 공간정리보다 생각정리 먼저

정리는 진정한 나를 발견하는 과정

'정리'하면 어떤 생각이 먼저 떠오르나? 이 같은 질문에 수업에 참여했던 사람 대부분이 '정돈, 수납, 청소 등 공간을 깨끗이 치우는 일'을 먼저 말했다.

하지만 정리는 공간뿐 아니라 다양한 형태로 복잡한 우리 삶을 단순하게 만들어주는 힘이자 기술이다. 그럼 정리의 몇 가지 종류를 알아보자.

1) 시간 정리

누구에게나 매일 똑같이 주어지는 24시간이라는 선물을 얼마나 가치 있게 활용하고 있는지 돌아보는 것이 시간정리의 출발이다. 시간이 없다는 핑계로 해야 할 일을 미루지는 않았는지, 시간이 없는 이유는 무엇인지 나의 시간 사용 상태를 구체적으로 기록해 보는 것도 시간을 정리하는 데 도움이 된다. 이를 통해 본인도 모르게 시간을 뺏고 있는 시간도둑을 찾아볼 수 있다. 아마도 휴대전화와 인터넷이 대표적인 시간 도둑의 사례가 아닐까 싶다. 휴대전화 이용시간을 체크하는 앱(App)을 사용해 일주일 정도 살펴본 적이 있는데 하루 평균 3시간 가까이 사용하는 것을 확인하고 무척 놀랐다. 무심코 들여다보는 습관이 소중한 시간을 꽤 많이 잡아먹고 있었던 것이다. 하루의 시간을 들여다보고 불필요한 요인과 집중해야 것들을 나누어 '정리하고 실천하는 것', 시간 정리의 핵심이다.

2) 공간정리

공간정리란 환경, 물건 등을 쾌적하고 사용하기 편리하게 만들어주는 것을 말한다. 잘 정리된 공간을 싫어하는 사람은 드물지만 공간을 잘 정리하는 사람도 드물다. 잘 정리된 상태의 기준은 사람마다 다르지만, 중요한 것은 환경과 물건을 가치 있게 활용할 수 있게 하는 것, 그것이 공간정리의 근본적인 목표라고 할 수 있다.

3) 생각정리

우리는 마음만 먹으면 세상의 모든 정보를 수집할 수 있는 '빅데이터 시대'에 살고 있다. 수많은 정보 속에서 자신의 생각을 어떻게 정리하고 표현하는지가 미래사회의 경쟁력이다. 넘쳐나는 생각을 단순하고 의미 있게 만들려면 '생각 다이어트'가 필요하다. 그런데 생각을 제대로 정리하기가 쉽지는 않다.
공간정리보다 생각정리가 어려운 이유는 물건처럼 눈에 보이지 않기 때문인데 이를 눈에 보이게 만들어주는 기술이 필요하다. 생각정리의 다양한 기술들은 2장에서 더 자세히 다루겠다.

4) 관계정리

휴대전화에 입력된 연락처가 몇 개나 되는지 확인해본 적이 있는가?

그중에 실제로 연락을 하고 지내는 가까운 지인들은 몇 명이나 될까? 아마 많은 이들이 휴대전화 연락처에 몇 명이나 있는지조차 잘 모르겠지만 적어도 몇백 명 이상은 기록되어 있을 것이다. 내 경우에도 800여 명가량 입력되어 있었다. 이뿐인가, 클릭 한 번으로도 친구를 맺을 수 있고 어렵지 않게 연락처를 추가할 수 있는 SNS 속 관계도 넘쳐난다. 심지어 이사하기 전 택배 기사, 어딘지도 모르는 중국집 배달 번호까지 휴대전화에 자리 잡고 있다. 반면 머릿속에 떠오르거나 한동안 연락하지 못해 미안한 사람들의 수는 그렇게 많지 않다. 이처럼 관계에도 정리가 필요하다. 오랫동안 관심 두고 싶고 알고 싶은 그런 사람들에게 집중하는 것, 이것이 나를 찾는 정리 형태인 '관계정리'이다. 휴대전화 속 연락처 중 기억나지 않고 필요치 않은 연락처를 지우는 작은 관계정리부터 시작해보자.

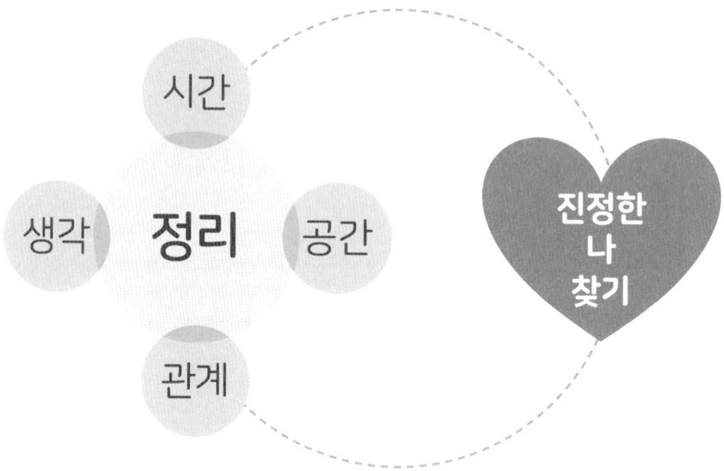

삶의 다양한 정리와 나 발견하기

이 밖에도 '정리'의 대상은 우리 삶에 다양한 형태로 나타난다. 돈, 건강도 정리의 대상이 될 수 있다. 이러한 정리과정을 통해 '진정한 나'를 발견하는 기쁨을 맛볼 수 있게 된다.

생각정리를 먼저 해야 길이 보인다.

다양한 정리 중에 어떤 것부터 시작해야 할까? 모든 정리에는 의미와 가치가 있지만 우선순위를 두자면 '생각정리'부터 시작해야 한다. 특히 여자에게는 더욱 그렇다. 그 이유를 예로 들어보겠다. 여행 중 호텔에 가본 적 있을 것이다. 모든 물건이 제자리에 있고 침구가 가지런히 정돈된 그 공간에서 우리는 편안함을 느낀다. 마치 공간이 살아서 그곳에 들어온 사람들에게 반갑게 인사라도 건네는듯한 느낌이다. 이처럼 정리된 공간은 좋은 에너지를 주고 온전히 그 공간을 느끼고 활용할 수 있게 해준다. 반면 물건이 넘치는 공간, 뒤죽박죽 정리되어 있지 않은 곳에서는 알게 모르게 에너지가 빠져나간다. 사람마다 느끼는 스트레스의 정도가 다를 뿐 물건처럼 마음도 어수선해진다. 공간을 보면 그 주인의 상태를 대략 짐작해볼 수 있을 만큼 공간과 그 주인의 생각은 맞닿아 있다.

또한 개인적 성향이나 역할에 따라 조금씩 다를 수 있지만 보통 집안 정리를 책임지는 사람은 여자, 엄마이다. 특히 집은 여자들의 심리상태가 고스란히 반영된다.

집안의 정리상태를 보면 안주인들의 관심사가 그대로 공간에 묻어나기도 하고 현재 컨디션을 짐작해볼 수도 있다. 안주인의 컨디션이 좋은 날에는 그 상태가 집안에 반영되어 좋은 에너지로 가족들의 기운을 북돋워 주나 기분이 안 좋은 날은 집안 분위기도 왠지 모르게 우울하고 공간도 어수선해 보인다. 이처럼 여자, 엄마, 안주인은 그야말로 공간의 분위기 메이커 역할을 해야 해서 이 또한 스트레스가 되기도 한다. 나와 가족을 위해 해야 할 일이 셀 수 없이 많기 때문이다.

하지만 이것을 효과적으로 할 수 있는 방법이 있다. 중요한 것이 무엇인지 판단하고 집중할 수 있도록 머릿속 생각부터 정리해보는 것이다. 공간뿐 아니라 시간, 관계, 돈 등 우리 삶의 정리대상을 바라보는 관점을 바꾸는 생각정리가 우선시되는 이유이다. 생각의 변화 없이 정리를 한다면 오래 지속하지 못하고 반짝하는 이벤트로 끝나거나 해결되지 못한 숙제로 남을 가능성이 크다. 정리는 중요하다. 하지만 '무엇부터 어떻게 해야 하는지'는 더 중요하다. 정리에 모든 에너지를 쏟을 수 없고 그래서도 안 되기 때문이다. 정리는 목적이 아닌 수단이다.

6. 배워서 평생 써먹는 셀프 정리

여자에게 정리가 어려운 이유

강의를 준비하던 어느 날 자정 무렵, 여자만 활동할 수 있는 맘카페에 들어갔다. 다양한 글을 보며 고개를 끄덕이다가 나도 한번 기습질문을 던져봤다.

"유난히 정리가 안 되는 것이 있나요? 힘든 이유는요?"

장소를 나타내는 '곳'이 아니라 '것'이라고 쓴 이유는 공간에만 한정을 두지 않으려는 의도였다. 10여 분이 지난 후 게시물을 확인했더니 그사이 꽤 많은 양의 댓글이 달려 있었다.

"정리하고 싶은데 엄두가 안 나요."

"치우면 뭐해요. 또 어지르니 그냥 둬요."

"어떻게 해야 하나 방법을 모르겠어요."

"모델하우스 같은 집에서 한번 살아보고 싶어요."

댓글을 꼼꼼히 읽어보니 많은 여자들에게 정리가 '쉽지 않은 숙제'라는 생각이 다시 한번 강하게 들었다.

유난히 정리가 안되는 것, 힘든 이유는요?(기습질문)

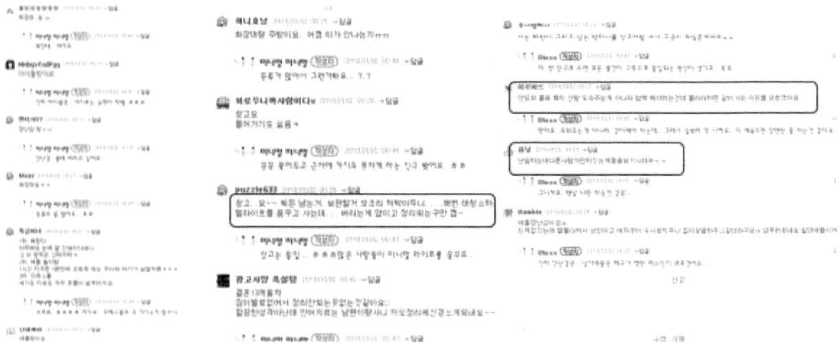

맘 카페에 순식간에 달린 댓글들

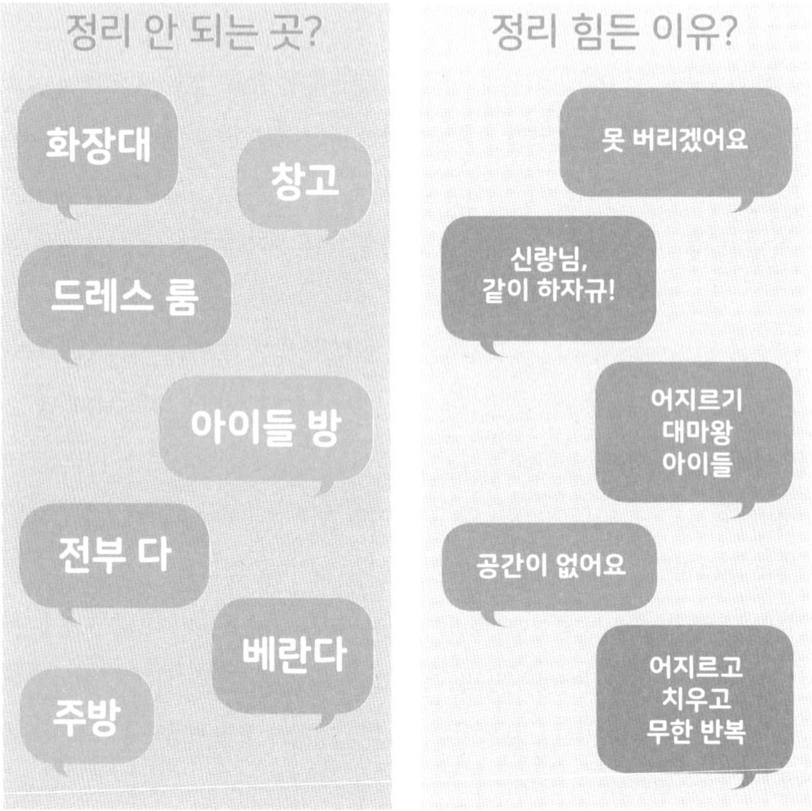

정리가 안 되는 것과 그 이유는 조금씩 달랐지만 공통적인 의견은 '방법을 잘 모르겠지만 해결하고 싶다'였다. 이로 인해 적잖게 스트레스를 받고 있고 가정 내 다툼의 원인이 되기도 한다는 글에 마음이 아팠다. 사실 결혼 전 부모님과 같이 생활하면 부모님이 대신 정리해 주니 적극적으로 정리할 기회가 많지 않다. 정리에 대해 잘 모르는 상태에서 결혼과 육아를 시작하게 된다.

내 경우를 보더라도 부모님 모두 깔끔하신 성향이라 집안이 늘 정돈되어 있으니 나서서 적극적으로 대청소를 하거나 집안정리를 돕지는 않았다. 내 담당이 아니라고 생각했다. 정리에 재능이 있다고 생각한 것도 결혼하며 독립한 이후였다. 이처럼 배우지 않고 시행착오를 경험해보지 않은 '집안정리 과제'를 해결해야 하니 '정리'가 무거운 짐이 될 수밖 없다. 엄마라서, 집안 정리를 책임지는 여자라서 겪는 이 숙제는 혼자 모두 해결하기 버겁다. 다행히 요즘은 남자들도 많이 참여하는 추세지만 집안을 정리하지 못하고 포기하는 여러 가지 이유 중 하나가 '가족의 비협조'와 '나만 혼자 해서'이다. 더군다나 만만치 않은 육아에 체력도 떨어지고 쓸 수 있는 시간도 많지 않다. 그래서 정리에는 배움과 요령이 필요하다. 한번을 하더라도 효과적으로 해야 한다. 이를 위해 4장에서 여자 혼자 독박 쓰지 않고 가족과 함께 효과적으로 정리하는 방법도 자세히 전하겠다.

남이 해주는 정리 vs 스스로 하는 정리

정리의 필요성과 관심이 높아지면서 정리를 전문적으로 도와주는 정리컨설턴트의 역할도 확대되고 있다. 정리를 하고 싶지만 도저히 실천할 엄두가 나지 않는다면 전문가의 도움을 받는 것도 좋은 방법이다. 남성 정리컨설턴트의 이야기를 다룬 웹툰 〈당신의 하우스 헬퍼〉는 인기에 힘입어 드라마로도 방영되었다. 정리하지 못해 집과 삶이 엉망이 되어버린 의뢰인들은 정리컨설턴트의 도움으로 공간뿐 아니라 인생을 바라보는 시각도 변화한다. 이들은 정리된 공간에서 힐링하며 각자의 생각과 상처를 다독이고 일상과 삶이 변화되는 마법을 경험한다. 이 드라마가 방영될 당시 팁을 얻는 차원에서 수강생들께 시청을 권했더니 "멋지고 잘생긴 남성 컨설턴트가 도와준다면 지저분한 상태가 창피해서라도 밤을 새워 정리해 볼 것 같아요"라고 해서 웃으며 공감했던 기억이 난다. 어떤 형태로든 정리를 하게 만드는 동기부여는 중요하다. 누군가의 도움을 받아 정리를 시작하는 것도 빠른 해결책이 될 수 있다.

다만, 이 경우 주의해야 할 점이 있다. 전문가의 도움을 받더라도 공간과 물건을 지속적으로 관리해야 할 사람은 자신이라는 것을 잊지 말고 정리과정에 함께 참여해야 한다. 정리전문가는 마법을 부리는 사람이 아니라 의뢰인이 정리를 수월하게 할 수 있도록 돕는 사람이다. 수업도 예습 후 들어가면 이해가 잘 되듯 컨설팅 전 정리에 관심을 가지고 시행착오를 미리 겪어본다면 더 많은 정리지식을 내 것으로 소화할 수 있다. 내가 이 일을 시작하기 전 지인이 다른 곳에서 정리컨설팅을 받았는데, 바쁘다는 핑계로 과정에 참여하지 않고 정리를 일임해버렸다. 지저분했던 집이 말끔하게 정리된 것을 보고 지인은 만족도가 꽤 높았는데 흐트러질까 봐 물건을 빼고 넣는 것이 너무나 조심스럽다고 한다. 큰 그림은 알겠는데 세세한 물건은 어디 있는지 몰라서 가끔 남의 집에 있는 것 같은 느낌이 들 때도 있다고 한다. 잘 정리된 상태를 유지하고 싶은데, 머지않아 다시 한번 도움을 받아 함께 정리를 해봐야겠다고 했다.

앞서 말한 것처럼 부모의 도움으로 정리된 집에 살던 우리의 모습도 이 사례와 유사하다. 귀찮고, 잘 모르겠고, 시간이 오래 걸리더라도 직접해 봐야 주체적으로 정리하는 삶을 살 수 있다. 물건, 공간, 머릿속의 지식과 정보, 생각은 셀프 정리과정을 거쳐 진정한 나를 발견할 수 있는 기회를 만들어준다.

평생 써먹는 정리습관

무엇이든 연습하고 반복하지 않으면 내 것이 되기까지 많은 시간과 노력이 필요하다. 습관 만들기가 쉽지 않지만 게으른 나를 이기는 험난하고 힘든 과정을 잘 통과하면 큰 열매를 맛볼 수 있다. 좋은 습관은 목표를 방해하는 요인이 생겨도 이를 극복하게 하고 상황을 긍정적으로 변화시키는 에너지가 된다.

정리도 습관이다. 매일 쓰는 물건, 주위 공간 그리고 머릿속에 들어온 정보와 생각을 체계화하여 몸이 기억하게 한다. 좋은 정리습관을 만들기 위해서는 다음 세 가지 큰 방향을 기억하는 게 좋다.

1) 시간을 내서 규칙적으로 한다.

정리는 한번에 끝내는 이벤트가 아니라 들어오고 나가는 수많은 변화에 계속 대응해야 하는 행동습관이기 때문이다. 짧은 시간이라도 규칙적으로 하다 보면, 불필요한 것들을 치우는데 소요되는 정리시간이 줄어든다.

2) 잘 남기는 것에 집중한다.

사용할 물건과 비워야 할 물건, 집중해야 할 일과 그렇지 않은 것들을 분류하며 정리한다. 집중하고 비우다 보면 가치 있는 것들만 남게 된다.

3) 단순화할 수 있는 방법을 찾는다.

『심플한 정리법』의 저자 도미니크 로로Dominique Loreau는 "선택이 단순해질수록 행복은 커진다"라고 한다. 또한 단순한 삶이란 "시간적 여유를 가지고 낭비하지 않으며 좋은 것들을 골라서 취하고 자신을 귀하게 여기며 존중하는 삶"이라고 조언한다. 이와 같이 스스로 정리하는 습관을 가지면 나를 발견하는 가치 있는 삶에 집중할 수 있는 강력한 도구, '정리의 힘'을 키울 수 있다.

2장

머릿속 다이어트, 생각정리

1. 생각정리가 어려운 이유

"제일 걱정이 없을 때는 내가 가진 것이 가장 적을 때다. 무언가 부족할 때보다 지나칠 때 내 근심이 크다는 사실을 신께서는 아신다."

– 아빌라의 성녀 테레사(Teresa)

생각 vs 걱정

'생각'과 '걱정'의 차이가 뭘까? 얼핏 들으면 비슷해 보이지만 두 단어의 의미나 쓰임은 차이가 있다. 먼저 사전적 의미를 살펴보자.

생각

① 사물을 헤아리고 판단하는 작용.

② 어떤 사람이나 일 따위에 대한 기억.

걱정

① 안심이 되지 않아 속을 태움.

② 유사어: 노심초사하다, 두려워하다.

그렇다면 우리가 하는 걱정이 실제로 일어날 확률은 얼마나 될까? 심리학자 어니 젤린스키Ernie J. Zelinski는 자신의 저서 『모르고 사는 즐거움』에서 다음과 같이 얘기한다.

– 걱정의 40%는 절대 일어나지 않는다.
– 걱정의 30%는 이미 일어난 일에 대한 것이다.
– 걱정의 22%는 사소한 고민이다.
– 걱정의 4%는 우리 힘으로는 어쩔 도리가 없는 일에 대한 것이다.
– 걱정의 4%는 우리가 바꿔놓을 수 있는 일에 대한 것이다.

그의 지적처럼 우리가 해결할 수 있는 걱정은 불과 4%에 지나지 않는다. 해봤자 소용없는 걱정 96%를 안고 우리는 소중한 에너지를 낭비하고 있다.

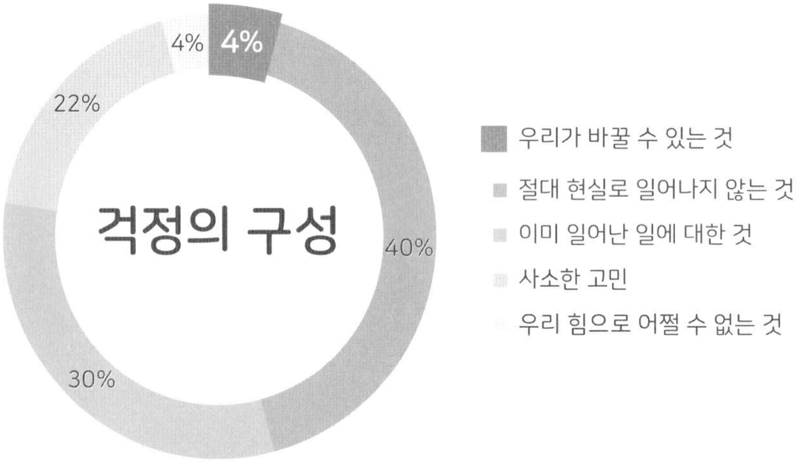

출처: 어니 J. 젤린스키 연구자료

그러면 해결할 수 있는 걱정거리는 어떻게 분류할 수 있을까? 머릿속이 늘 꽉 차 있고 비워내지 않는 삶을 살다 보면 어떤 것이 '해결할 수 있는 4% 걱정'인지 조차 구별하기 쉽지 않다. 그래서 정리가 필요하다. 머릿속 생각을 의미 있게 정리하는 생각정리는 공간정리와 마찬가지로 쓸모 있는 것을 남기고 쓸모없는 것을 버리는 과정이 필요하다.

처음에는 분류작업에 시간이 걸리더라도 노력에 따라 결과를 바꿀 수 있는 것이 무엇인지에 집중해야 한다. 또한, 해결하지도 못하는 걱정거리를 지속해서 만들고 있지 않은지 점검해 봐야 한다. 정작 자신의 기준이 아니라 다른 사람과 비교하며 비효율적인 걱정을 만들어내고 있지 않은지 판단해야 한다. 걱정으로부터 완벽하게 자유로울 수는 없겠지만 상황을 바라보는 기준을 잘 세워놓으면 무의미한 걱정을 줄여나갈 수 있다. 더 나아가 앞을 바라보는 목표가 있으면 불안 걱정의 흔들림에서 조금 더 쉽게 빠져나올 수 있고, 회복하기도 수월해진다. 이는 마치 경주마의 눈가리개와 같은 역할을 한다. 눈가리개는 경쟁하는 다른 말이 보이지 않도록 함으로써 경주마가 목표에 집중해 기량을 최고로 발휘하게 한다. 머릿속이 복잡하고 어떤 일을 해야 할지 막막할 때, 그때가 바로 '걱정'이 아닌 '생각정리'가 필요한 순간이다.

"하쿠나마타타 Hakuna Matata"

애니메이션 영화 〈라이온킹〉에서 미어캣 티몬의 좌우명으로 더욱 유명해진 '하쿠나마타타 Hakuna Matata'는 '걱정 마, 다 잘 될 거야'라는 뜻을 가진 스와힐리어이다. 티몬은 불안할 때마다 주문처럼 이 말을 외치며 상황을 극복하려 노력한다. 해결할 수 없는 일 혹은 일어나지도 않은 일을 걱정만 하며 에너지를 낭비하는 것이 아니라 할 수 있는 일이 무엇인지 '생각'을 통해 기회를 만든다. 미래를 대비하고 준비하는 것은 필요하지만 그보다 중요한 것은 '내가 할 수 있는 일이 무엇인가' 집중하고 실천 방법을 찾는 일이다. 지금 같이 정보가 넘쳐나는 지식정보사회에서도 나만의 목표와 생각의 기준이 있다면 걱정에 휘둘리지 않고 현명한 선택을 할 수 있다.

생각정리가 어려운 이유

공간정리 상태는 눈에 보인다. 당장 정리를 하지 않는다 하더라도 '좀 치웠으면 좋겠군' 하는 생각을 본인뿐만 아니라 공간을 공유하는 다른 이들도 하게 된다. 그런데 머릿속 생각은 어떤가? 눈에 보이지 않는다. 내 머릿속에 무엇이 들어 있는지 나조차 제대로 알지 못한다. 생각정리가 어려운 이유가 바로 여기에 있다.

생각정리를 잘하려면 어떻게 해야 할까? 공간정리를 하는 것처럼 생각도 눈에 보이게 하면 된다. 『생각정리 스킬』 복주환 작가는 생각정리는 기술이고 패턴도 있다고 말한다. 누구나 배워서 연습하면 잘할 수 있는 것이 생각정리라고 말한다. 생각은 눈에 보이지 않아서 구조나 패턴이 없다고 생각할 수도 있는데, 만약 그렇다면 심리학이라는 학문은 생겨날 수가 없다. 따라서 보이지 않는 생각도 일정한 패턴과 시스템으로 움직이기 때문에 평소에 이것을 잘 정리하는 훈련을 하면 된다. 생각정리 연습을 위해서는 이를 위한 여러 도구를 활용하면 효과적이다. 대략 300개가 넘는 생각정리 도구들이 학계에 나와 있다고 하는데 다 알 수도 없고 다 알 필요도 없다. 맛있는 요리를 하기 위해 세상의 모든 요리도구를 다 써 볼 필요는 없지 않은가. 나에게 맞는 도구를 찾아보고 그 도구가 내 손에 익도록 연습하면 된다.

자기 머릿속의 다양한 생각을 의미 있게 만들고 맛있게 표현하는 법은 다음 장에서 전한다.

2. 눈에 보이는 생각정리법

생각 표현하며 나 발견하기

"꼭 그걸 표현해야 알아?" 나 또한 표현하지 않고도 상대방이 알아주었으면 하는 헛된 욕심을 종종 부린다. 어떤 방법으로든 표현하지 않은 상대의 생각을 읽는 것은 신의 영역이다. 나도 내 머릿속 생각을 잘 모르지 않는가. 그래서 자신의 생각을 들여다보는 시간을 의식적으로 가져야 한다. 질문하고 생각하고 정리하는 과정에서 내 안의 나를 발견할 수 있다.

현대인은 너무 바쁜 시대에 살고 있어서 이러한 과정을 잊거나 포기하기도 한다. 생각을 정리하려면 나를 만나는 시간을 가져야 하는데 그렇지 못하는 경우가 더 많기 때문이다. 가령, 정리가 안 된 복잡한 옷장에 새 옷이 들어오면 또 다른 짐이 된다. 옷을 잘 관리하기 위해서는 기존 옷 중 빼낼 것은 무엇인지 여유 공간은 얼마나 되는지 파악하고 있어야 한다. 그러면 좋아하는 스타일도 알 수 있고 버려야 하거나 부족한 것들이 보인다. 옷장을 정리하면 내 스타일을 더욱 쉽게 파악할 수 있듯 생각을 정리하면 효과적으로 내 생각을 파악하고 표현하는 방법에 집중할 수 있게 된다.

그렇다면 어떻게 생각을 정리할 수 있을까? 앞서 언급한 대로 생각은 공간이나 물건과 달리 눈에 보이지 않기 때문에 꺼내서 읽을 수 있도록 해야 한다. 뇌를 통해 만들어진 생각은 말, 글, 그림, 몸짓 등 다양한 방법으로 표현할 수 있다.

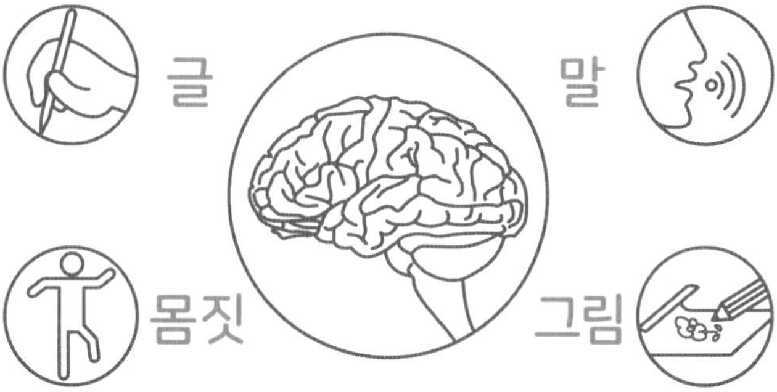

생각 표현법

1) 메모/글: 기록을 통한 생각 확장의 수단

손을 사용해 글을 쓰면 뇌의 전두엽을 지속해서 자극하므로 더 많은 생각을 할 수 있게 된다. 메모를 통해 아이디어를 기록하고 글을 쓰면서 삶이 변화되었다는 분들의 사례가 넘쳐난다. 나 자신도 생각을 글로 기록하지 않으면 생각이 잘 정리되지 않는 것을 느낀다. 그래서 생각을 정리하는 시간에는 되도록 손을 사용해 메모한다. 이를 통해 생각이 촉진되는 것을 느낀다. 수많은 생각정리 도구들도 손을 통한 기록에서부터 시작한다. 조금씩이라도 자주 쓰다 보면 복잡했던 머릿속이 정리되어 단순화됨을 깨닫게 된다.

출처: 생각정리를 위한 노트의 기술 中

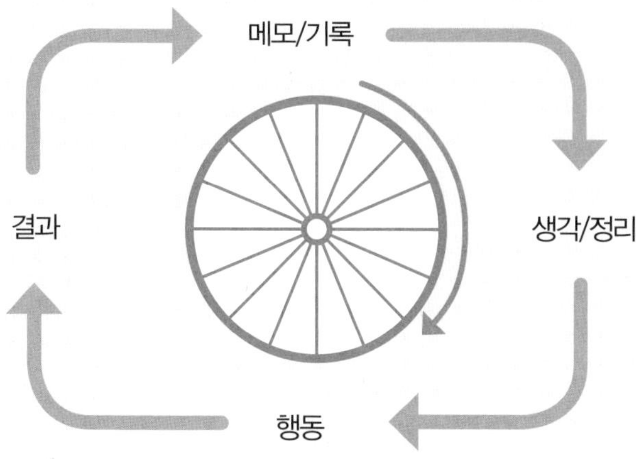

메모/기록의 선순환

2) 말: 사람과 소통하는 가장 일반적인 방법

말은 대화, 토론, 스피치 등 다양한 방식을 통해 사람과 소통하며 생각을 주고받는 가장 기본적인 수단이다. 비슷한 능력을 갖추고 있어도 말을 잘하는 사람이 상대적으로 더 인정받기도 한다. 말을 잘하고 싶다면 생각정리 후 말하는 훈련이 필요하다. 논리적인 언어로 생각을 표현하는 연습을 하다 보면 머릿속 생각도 빠르게 제자리를 잡으며 정리된다. 또한 시험공부를 하거나 발표할 일이 있을 때 '셀프스피치'를 반복하면 자신이 잘 이해하지 못한 부분이나 보완해야 할 곳을 파악할 수 있다. 알고 있는 내용을 더 오래 저장할 수 있는 기억 상승효과도 나타난다. 유대인의 교육법인 '하브루타havruta'는 이렇게 말로 표현하고 질문하는 공부법을 통해 아는 지식과 모르는 지식을 스스로 구별하는 힘(메타인지)을 기르는 것에 집중한다.

3) 몸짓: 표정, 자세, 행동의 언어

작은 손짓하나부터 말의 효과를 더하기 위한 제스처gesture, 눈빛과 얼굴의 표정 하나에도 생각이 표현된다. 악수로 인사나 존경의 의미를 표현하기도 하고 화가 나서 가슴을 치거나 신이 나서 폴짝거리기도 한다. 세상 밖으로 나온 아기는 말이 아닌 몸짓언어로 자기 생각과 감정을 표현하고 의식주를 해결한다. 1950년대 보디랭귀지 연구의 선구자 앨버트 메라비언Albert Mehrabian은 의사소통에서 혀의 언어가 차지하는 부분은 불과 7%, 음조, 음색, 억양 등의 목소리가 38%, 나머지 55%가 비언어적인 몸짓, 표정, 자세 등의 행동언어라고 얘기한다. 몸짓으로 거짓을 판단할 수 있다는 연구 결과가 있을 만큼 생각을 표현하고 나누는데 몸짓언어가 중요한 역할을 담당한다. 생각을 정리할 때 가만히 앉아서 깊이 생각할 수도 있지만 산책하거나 주변 공간을 잠깐 왔다 갔다 하면 더 잘 정리되기도 한다. 말이나 연설을 할 때도 제스처를 잘 쓰면 청중에게 생각을 인상깊게 전달할 수 있다.

4) 그림: Visual Thinking

전문적인 화가가 아닌 일반인도 그림에 생각을 담을 수 있다. 아이들은 다양한 선과 알 수 없는 모형, 색깔을 통해 자기 생각과 느낌을 표현한다. 미술치료는 미술 활동을 통해 심리적 어려움이나 마음의 문제를 표현하고 완화하는 치료법으로 활용되고 있을 만큼 생각을 반영시키는 도구이다. 그림을 잘 그리지 못해도 생각을 담을 수 있다. 비주얼 싱킹Visual Thinking이라는 생각 그림문자가 바로 그것이다. 단순하고 명확한 그림을 통해 한눈에 내용을 파악할 수 있고 도식화를 통해 문제의 흐름이나 구성을 파악하기 쉽게 해준다. 동그라미 위에 점과 선만으로도 다양한 감정을 표현할 수 있다. 아이들과 감정 그리기 수업을 했더니 같은 모양 하나 없이 다양한 눈, 코, 입과 머리 모양으로 사람을 표현하고 본인의 기분도 설명해 주었다. 학교 졸업 후 그림을 그려본 적이 없는 어른들도 한 번씩 꼭 도전해보자. 분명히 뇌가 말랑말랑해지는 것을 느낄 수 있다.

아이들의 표정언어 비주얼싱킹 실습 사례

이와 같은 생각표현법들을 통해서 자신을 발견할 수 있다. 자기 생각을 다양한 방법으로 표현하고 소통하다 보면 현재의 나와 발전하고 싶은 나의 모습을 조금 더 명확하게 그려볼 수 있다. 정리의 또 다른 목적 중 하나는 소중한 것을 남기는 것이다. 복잡한 머릿속 생각을 단순화시키고 표현하는 연습을 하다 보면 내 삶에 중요한 것들이 무엇인지 판단하는 기준이 좀 더 명확하게 그려지게 마련이다. 이를 통해 발견한 나만의 기준으로 소중한 것을 분류해보자.

3. 좋은 습관, 정리의 4단계 기술

공간과 생각, 정리습관 만들기

일본의 뇌과학자 도마베치 히데토는 그의 저서 『머릿속 정리의 기술』에서 "누군가의 머릿속이 궁금하다면 그 사람의 방을 보면 된다"고 했다. 생각과 공간의 밀접한 관계를 이처럼 설명한 것이다. 사무실 사무공간이나 독서실 공부공간을 보면 사용하는 주인의 성향이나 습관을 추정해 볼 수 있다. 회사에서 근무하다 보면 동료나 상사의 책상을 오가며 보게 된다. 개인 공간인 책상과 주변 공간관리 상태가 업무를 처리하는 스타일과 비슷한 성향으로 나타나는 것을 볼 수 있다.

정리를 잘하는 사람이 모두 일을 잘한다고 할 수 없지만 내 경험으로는 업무처리 속도나 문제 우선순위를 파악하는 접근방식이 효율적인 경우가 많았다. 의식적으로라도 일에 방해되는 요소나 불필요한 것들을 덜어내려 하는 경향도 보였다. 생각과 공간은 연결되어 있다. 잘 정리된 공간은 생각과 기분에도 활력을 주지만 반대로 어질러진 공간은 스트레스 지수를 높이는 원인이 된다. 이처럼 주변을 깔끔하게 유지하려고 노력하는 것만으로도 효율성을 높이는 효과를 얻을 수 있다.

정리도 반복하다 보면 습관이 된다. 사실 새로운 습관을 지니려면 몸이 귀찮고 피곤하다. 하지만 좋은 습관들이 모여 건강하고 효율적인 생활의 시스템을 만든다. 삶은 습관이 모여 이루어진다, 좋은 습관 만들기에 집중하면 우리 삶을 개선하는 지름길을 발견할 수 있다. 전문가들은 습관이 자리 잡는데 3개월에서 길게는 1년 정도 걸린다고 말한다. 그런데 눈에 보이는 정리를 하면 긍정적 효과가 즉각적으로 나타나기 때문에 그것보다 빨리 정리습관을 만들 수 있다.

그럼, 정리를 생활 속 습관으로 자리 잡게 하는 효과적인 '정리 4단계'를 알아보자

공간과 생각을 정리하는 4단계

– 맞벌이 지연씨 이야기

맞벌이하는 결혼 7년 차 지연씨는 친정집 근처로 이사하기 위해 계획을 세웠다. 이사 전 짐 정리를 하고 가야 할 것 같은데 신혼 이후 제대로 된 정리를 해보는 것이 오랜만이었다. 게다가 아이들 덕에 짐도 늘어나서 어떻게 해야 할지 일머리가 보이지 않았다. 정리 관련 정보에 관심은 두고 있었지만, 막상 하려니 엄두가 나지 않았다. 보이는 대로 물건을 살펴보니 추억 놀이를 하게 되고 뭘 넣고 버려야 할지도 헷갈렸다. 결국, 시간만 흘러 짐 정리는 몇 개 버리다 포기하고 이사 후 다시 정리해야겠다는 마음으로 그대로 이사했다. 포장이사 서비스를 받다 보니 기존에 있던 방식과 비슷하게 놓고 가기는 했는데 뒤죽박죽 도대체 마음에 들지 않았다. 본인이 정리하지 않았으니 당장 필요한 물건이 어디 있는지도 찾기 힘들었다. 지연씨는 어디서부터 시작해야 하는 걸까?

이런 경험, 한두 번씩 해봤을 것이다. 집을 뒤엎고 대대적으로 정리하는 것은 평소에 엄두가 나지 않고 이사할 때나 정리하자며 미뤄뒀던 물건들이 큰

숙제가 되어 쌓이기도 한다. 막상 이사 후에도 다른 일을 챙기고 적응하며 미루다가 이삿짐센터에서 놓은 그대로 유지하고 사는 사람도 많다. 나 역시도 이사 전후로 전체를 정리하는 일에는 적지 않은 시간과 에너지를 쓴다. 힘이 들어도 한번 제대로 해놓으면 정리된 상태를 유지하기가 수월해지기 때문이다. 다만 정리는 의욕과 실천력도 필요하지만, 순서와 방법에 맞게 하는 것이 중요하다. 그래야 한번하고 끝내는 이벤트가 아니라 꾸준히 실천할 수 있다. 그러면 정리의 4단계에 맞춰 공간과 생각을 정리해보도록 하자.

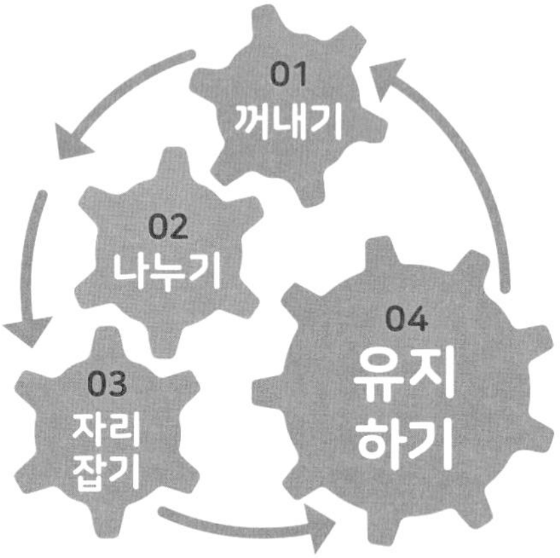

1) 공간정리의 마법 4단계

1단계 꺼내기

제대로 정리하고 싶은 공간을 정했다면 눈으로만 훑는 것이 아니라 그 안에 있는 물건을 모두 꺼내야 한다. 옷을 예로 들면, 걸려있는 상태로 정리하는 것보다 모두 꺼내서 하나씩 살펴보며 정리하는 것이 수월하다. 옷이 옷장에 걸려있을 때는 넣고 빼기가 쉽지 않아서 정리 흐름이

끊기기 때문이다. 일단 모두 꺼내 종류별로 옷더미를 만들어놓고 그다음 단계로 넘어가는 것이 옷을 빠르고 효과적으로 분류하기에 편리하다.

2단계 나누기

남겨야 할 것과 뺄 것을 구분하는 단계이다. 조사를 하면 이 분류단계를 힘들어하는 분이 많다. 버리고 비우는 작업을 해야 하기 때문이다. 비움에 대해서는 뒤에 자세히 설명하겠지만 현재 쓰고 있는 물건인지 아닌지를 기준으로 남길 것을 골라내야 한다. 쓰지 않지만 사연이 있거나 언제가 쓸지 몰라 남긴 물건은 앞으로도 쓰지 않을 가능성이 크다.

3단계 자리 잡기

선별된 물건을 어느 장소에 어떤 방식으로 수납할 것인지 체계적으로 자리를 잡는 단계이다. 수납이 잘 된 물건은 찾기도 쉽고 사용 후 제자리에 다시 돌려놓기도 수월해서 정리하는 시간을 줄여준다.

4단계 유지하기

정리에 많은 시간을 쓰지 않고 효과적으로 관리하려면 유지단계에 더욱 신경을 쓰면 된다. 앞서 정리의 마법 3단계를 잘 실천했다면 쓰고 난 물건을 제자리에 두고, 공간이 넘치지 않도록 '하나 사면 하나 빼기'를 행동으로 옮겨 보자. 가족과 함께 생활하는 경우 구성원 모두의 습관이 되기까지는 시간과 노력이 필요하겠지만 그만큼 정리된 공간에서 생활하는 홀가분한 기쁨을 맛보게 될 것이다.

2) 생각정리의 마법 4단계

1단계 생각 꺼내기

머릿속에 들어 있는 복잡한 생각, 걱정을 적어본다. 되도록 컴퓨터 같은 디지털 도구보다 펜과 종이를 사용하는 것을 추천한다. 펜을 쓰는 것이 오랜만일 수도 있다. 오랜만이라 낯설어도 몇 번 쓰다 보면 더 많은 생각이 꺼내지는 경험을 하게 된다.

2단계 생각 분류하기

밖으로 꺼낸 생각들을 분류하는 단계이다. 다양한 분류기준이 있을 수 있겠지만 먼저 해야 할 것은 내가 발전시키거나 해결할 수 있는 것인가, 그렇지 않은가로 나눠보는 것이다. 앞서 '생각과 걱정의 차이' 편에서 다루었던 것처럼 머릿속에 있는 걱정 중 실제 해결할 수 있는 것의 비율은 4% 미만이기 때문이다. 이외에 생각 에너지를 낭비하게 하는 생각 쓰레기는 덜어낸다.

3단계 생각의 우선순위 잡기

생각 분류를 통해 중요한 생각, 걱정거리만 남겼다면 스스로 질문을 던져보며 집중할 수 있는 것에 에너지를 쏟는 것이 필요하다. 여기서도 중요도와 시간 등을 고려하여 우선순위를 정하고 정리해서 마감이 가능한 것이라면 순서대로 처리하는 것이 효과적이다.

4단계 생각정리 상태 유지하기

머릿속을 잘 정리하는 사람은 새로운 생각이나 걱정이 들어와도 생각을 단순화할 수 있다. 마치 정리가 잘 된 공간에 새로운 물건이 들어오면 어떤 위치에 넣을 것인지 어떤 것을 덜어낼 것인지 판단하기 수월한 것처럼 말이다. 머릿속이 뒤죽박죽일 때는 머릿속을 들여다보는 과정이 정리에 도움이 된다.

마법의 정리 4단계를 통해 공간과 생각을 정리하는 방법이 유사함을 알 수 있다. 또한, 생각과 공간정리는 연결되어 있어서 정리가 잘되면 긍정적인 영향이 더욱 커지게 된다. 처음에는 귀찮고 힘들어도 정리를 효과적인 방법으로 습관화한다면 결과적으로는 더욱더 많은 시간과 에너지를 아끼는 것임을 경험할 수 있다.

마법의 정리 액션!

우리 집 평면도를 살펴보고 정리 우선순위 파악하기

집을 효과적으로 정리하기에 앞서 해야 할 일이 있다. 집 전체의 구조와 배치 등을 고려하여 정리계획을 먼저 세워야 한다. 빈 노트에 집 평면도를 그려보고(아파트의 경우는 '네이버 부동산' 등에서 자기 집을 검색하면 아파트 평면도 이미지를 쉽게 구할 수 있다) 현재 사용하고 있는 가구와 가전 같은 큰 물건을 중심으로 배치해 본다. 그리고 다시 들여다보며 해당 위치가 적절한지, 꼭 그 자리에 있어야 할 물건인지를 점검해본다. 의외로 옷이나 그릇, 학용품 등이 여기저기 분산 보관되어 있고 재고 파악이 되지 않아 불필요한 낭비를 하게 되기도 한다. 이를 좀 더 효과적으로 관리할 수 있도록 객관적으로 집 전체를 살펴보며 정리계획의 틀을 잡을 수 있다.

4. 정리하는 삶을 위한 생각정리 도구 - 만다라트(MANDALA-ART)

'만다라트'가 뭘까?

만다라트는 목표를 달성하고자 할 때 생각을 논리적으로 확장할 수 있도록 도와주는 간단하고 효과적인 생각정리 기술이자 도구이다. 본질을 뜻하는 'Mandara'와 소유를 뜻하는 'la'가 결합하여 목적을 달성한다는 뜻으로 여기에 Mandal+art를 더해서 만들었다. 일본의 디자이너 이마이즈미 히로아키가 1987년에 창안하였는데 이 도구가 사람들에게 더욱 알려지게 된 다른 계기가 있다.

뛰어난 야구 실력 덕분에 '괴물'이라고 불리는 일본의 투수 겸 타자인 오타니 쇼헤이가 타고난 실력 이외에도 자기관리를 위해 고1 때 이 도구를 활용해서 목표를 설정하고 실천을 위해 노력했다는 사실이 알려져 사람들의 주목을 받았다. '8구단 드래프트 1순위'가 되겠다는 목표를 이루기 위해 운동뿐 아니라 인성 및 생활습관까지 구체적인 행동계획을 작성하고 실천에 옮겼다. 이와 같은 본인의 의지와 노력을 기반으로 목표를 이루며 지속해서 성장하고 있는 모습을 보여주고 있다.

목표는 무엇이든 좋다. 목표를 세우고 달성하기 위해서는 목표로 가는 길이 눈에 보이면 조금 더 수월하다. 만다라트와 같은 생각정리 도구가 목표 달성을 위한 구체적인 실천계획을 설정하는 데 도움을 줄 것이다.

목표 달성을 위한 생각정리 도구, 만다라트의 특징 및 장점 3가지를 꼽는다면 다음과 같다.

생각정리 _ 만다라트 : 초등 겨울 방학 계획 예시								
실컷 늦잠자보기	레고작품 완성하기	친구와 파자마파티	새우구이	중국요리	라면	스키장	스파 수영장	스케이트장
할머니댁에서 2박3일	1. 하고 싶은 것	자전거 마스터하기	양꼬치	2. 먹고 싶은 것	엄마 샌드위치	따뜻한 나라 수영장	3. 가고 싶은 곳	겨울 바닷가
캠핑하기	로봇체험전	기차여행	유명한 만두	캠핑장 BBQ	할머니 김장김치	눈썰매장	이사 간 친구네 집	과학관
이번 학기 복습하기	다음학기 교과서 보기	과학실험 해보기	1. 하고 싶은 것	2. 먹고 싶은 것	3. 가고 싶은 곳	한여름밤의 꿈	과학잡지 시리즈	이문열 삼국지만화
어려웠던 과목다시보기	4. 공부해야 할 것	백지 복습노트	4. 공부해야 할 것	많은 경험하는 알찬 겨울방학	5. 읽고 싶은 책	심부름 가는 길	5. 읽고 싶은 책	한국사대모험
연산 2장풀기	영어단어 5개씩 외우기	컴퓨터 코딩	6. 착한 일하기	7. 꿈 실천계획	8. 좋은 습관 만들기	모모	괜찮을 꺼야	교과 관련 도서찾아보기
빨래 같이접기	용돈모아 기부하기	엘리베이터 에서 인사잘하기	축구관련책 보기	아빠랑 축구장가기	대회 찾아보기	아침에 7:30 기상하기	매일 줄넘기 50회 하기	물 3잔이상 마시기
도움이 필요한 친구 도와주기	6. 착한 일하기	다문화 봉사활동	좋아하는 선수분석하기	7. 꿈 실천계획 (축구선수)	협동,배려 실천하기	자고 일어나 침대정리하기	8. 좋은 습관 만들기	부모님께 존중어쓰기
우리집 신발정리	양보하기	쓰레기 줍기	옷 무장하고 축구하기	건강한 음식 먹기	내가 잘하는 포지션 찾기	자기 전 스트레칭하기	가족에게 사랑해말하기	감사합니다. 표현하기

초등학생 방학계획 만다라트 작성 예시

1) 한눈에 알아볼 수 있다.

생각정리 도구의 장점은 복잡한 생각을 눈에 보이게 도식화할 수 있다는 것이다. 만다라트는 가로세로 9칸씩 총 81개의 칸 안에 머릿속 아이디어를 정리할 수 있다. 필요에 따라 이보다 적게 혹은 더 많은 칸을 확장하는 것도 가능하다.

2) 목표를 세분화할 수 있다.

정리가 되지 않은 상태에서는 목표나 핵심주제가 멀리 있는 것 같아도 만다라트를 통해 구조화하면 실천할 수 있는 구체적인 행동계획을 만들 수 있다. 목표가 명확하면 행동 방향도 정확히 파악할 수 있다. 작은 실천들이 모여 큰 목표를 이루어낼 수 있으니까.

3) 생각을 확장하기가 수월하다.

공간을 보면 채우고 싶은 욕구 때문에 집 안 구석구석 물건이 가득 차 있는 경험을 해보았는가? 공간은 비우기 위해 노력해야 하지만 빈칸은 채우는 욕구를 활용해 메워본다. 처음에는 칸이 많아서 한 번에 다 적기 힘들어 보여도 쓰고 채우다 보면 어느새 생각이 활성화됨을 느낄 수 있다.

만다라트를 통해 정리 계획하기

생각정리를 통해 공간정리를 보다 효과적으로 실천할 수 있도록 해보자. 만다라트는 생각을 정리하고 목표설정을 통해 실천을 돕는 도구인 만큼 실제로 정리계획을 적용해보도록 하자.

가장 중심을 보면 이루고자 하는 목표를 핵심목표로 설정해 가장 가운데

칸에 적는다. 그 주변 8칸에는 목표를 이루기 위한 세부 목표를 적어주고 해당 세부 목표를 좌우 사방 각 표의 가운데 기입한 후 그 주변 8칸에 구체적인 행동계획을 적어주면 된다.

세부목표①	세부목표②	세부목표③
세부목표④	핵심목표	세부목표⑤
세부목표⑥	세부목표⑦	세부목표⑧

행동계획	행동계획	행동계획
행동계획	세부목표⑤	행동계획
행동계획	행동계획	행동계획

만다라라트 구성

1) 핵심목표 적기

예를 들어 '깨끗한 우리 집'을 목표로 정한다면 가운데 '핵심목표' 자리에 그 내용을 써 넣는다.

	깨끗한 우리 집	

2) 세부목표

핵심목표를 제외한 나머지 8칸에 세부목표를 적는다. '깨끗한 우리 집'을 위해 정리할 공간을 적으면 된다. 빈칸에 적는 것만으로도 숙제처럼 쌓인 공간이 머릿속에 떠오르지 않는가? 집을 한번 둘러보며 정리가 시급한 곳부터 적어도 좋다.

거실	안방	욕실
아이방	깨끗한 우리 집	주방
화장대	책	신발 현관

3) 행동계획

세부목표로 잡은 공간의 상세한 정리계획을 잡는다. 돋보기 배율을 확대하듯 큰 목표를 잡고 세부목표를 들여다보면 구체적인 행동계획을 뽑아낼 수 있다. 정리할 공간과 대상이 많으면 3×3표를 옆으로 확장하여 늘려도 된다.

거실	안방	욕실
아이방	깨끗한 우리 집	주방
화장대	책	신발 현관

→

플라스틱 그릇	텀블러	철지난 아이 것
조미료 통	주방	프라이팬
식료품	커피 잔	안 쓰는 냄비

이렇게 공간을 정리할 때도 생각정리 도구를 활용하면 눈에 띄는 대로 정리하는 것보다 훨씬 효과적으로 정리할 수 있다. 정리한 계획내용을 토대로 중요하거나 먼저 처리할 수 있는 것들의 우선순위 번호를 매겨서 순서대로 처리하는 것도 좋은 방법이다. 한 장으로 '깨끗한 우리 집 정리' 계획을 세우고 하나씩 지워가며 정리를 실천해 보자. 생각과 공간이 하나둘씩 정리되는 기쁨을 맛볼 수 있게 된다.

5. 생각확장을 위한 정리 도구 - 마인드맵(Mind map)

머릿속 생각 깨우고 정리하기

마인드맵은 머릿속 생각을 시각화하고 확장하는 기법이다. 사고기술 분야의 최고 권위자인 토니 부잔Tony Buzan이 1960년대에 창시하고 발전시켜 전 세계에서 활용하고 있는 생각정리 도구이다. '생각의 지도', '생각의 그물'이라고도 불리는 이 기법은 간단한 방법으로 생각과 아이디어를 무한 확장할 수 있다. 그 모습이 마치 세포나 뿌리 모양 같기도 하고 유기적으로 연결된 뇌의 생각처리 방식을 닮았기도 하다. 마인드맵을 통해 머릿속에 떠다니는 생각들을 모으고 펼칠 수 있다. 키워드 위주의 단어나 기호 또는 이미지를 중심으로 복잡한 생각과 정보들을 한눈에 시각화할 수 있다는 것도 큰 장점이다. 지식이나 단어를 효과적으로 학습할 수 있도록 백과사전이나 단어 사전을 마인드맵 형태로 만들기도 한다. 또한, 이 도구를 통해 필요한 정보를 정리하거나 새로운 아이디어를 발견할 수 있어서 생각을 정리하는 데 효과적인 도구이다. 무엇보다 쉬운 구조이기 때문에 남녀노소 누구나 부담 없이 할 수 있는 것도 큰 매력이다. 초등학교 교과서에도 실려있을 만큼 큰맘 먹지 않고도 바로 시작해 볼 수 있다.

마인드맵은 크게 3가지 특성이 있다.

1) 중심주제

마인드맵은 가운데 놓인 커다란 중심 주제에서부터 시작하여 확장해 나가기 때문에 집중해야 할 것이 무엇인지 파악하고 흐름을 알 수 있게 한다.

2) 키워드와 가지

정보와 생각들이 마디마디 연결되고 연관이 없어 보였던 키워드 사이에서도 새로운 연결고리를 찾을 수 있게 한다.

3) 시각화

마인드맵은 그물망 같은 한 장의 도표를 통해 중심 주제, 가지를 파악할 수 있으므로 '한 장으로 시각화하기'가 가능하다. 글보다 이해하거나 기억하기 쉽다.

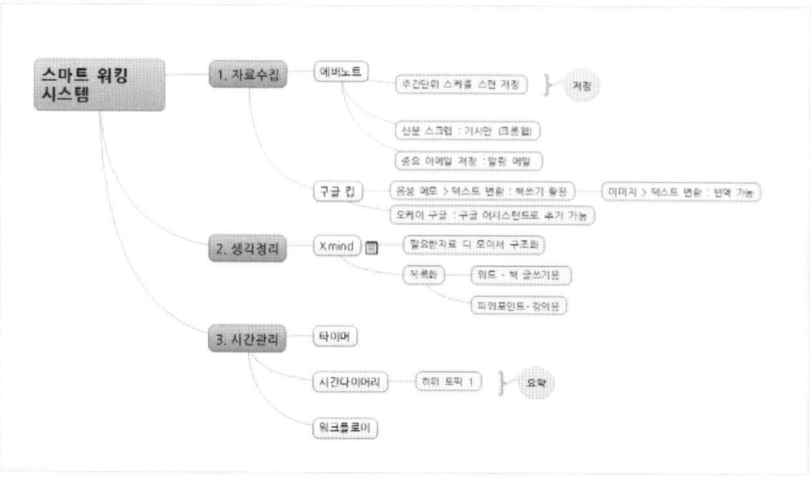

마인드맵 이미지 예시

생각은 많이 할수록 다양해지지만 정리되지 않은 생각은 머리를 복잡하게 한다. 머릿속에 있는 복잡한 생각을 눈에 보이게 하고 새로운 생각을 꺼내게 만드는 도구, 마인드맵이다.

마인드맵으로 정리하기

이번에는 마인드맵을 가지고 실생활 정리에 적용해보도록 하자.

생각만 해도 설레는 '여행', 집 떠나면 고생이지만 사서 고생하며 추억을 만들고 다시 떠나게 만드는 것이 여행의 매력이다. 생각정리 도구인 마인드맵을 '여행 계획과 여행 가방 정리'에 적용해 보자.

1) 마인드맵으로 여행 계획하기

관광가이드를 따라 코스를 도는 단체여행보다 본인이 원하는 곳만 골라 자유여행을 하는 이들이 많아졌다. 나 자신도 가족들과 자유여행 가는 것을 즐긴다. 다만 가족여행의 모든 기획과 일정 그리고 현지 가이드까지 내 몫이 되다 보니 가기 전에 해야 할 일이 참 많다. 가서 부딪히며 느낌이 이끄는 곳으로 여행하는 사람들도 있는데 아이들과 헤매다 보면 쉽게 지치고 시간 낭비가 돼서 나 같은 사람은 계획을 꼼꼼히 짜야 맘이 편했다. 그러다 보니 책과 인터넷에 넘쳐나는 수많은 정보를 선별하여 정리하는 일도 만만치 않았다. 그래서 얼마 전부터는 여행 가서 하고 싶은 일과 사전에 알아야 할 것들을 같이 가는 구성원들과 함께 생각해보는 '여행계획 마인드맵'을 짜기 시작했다.

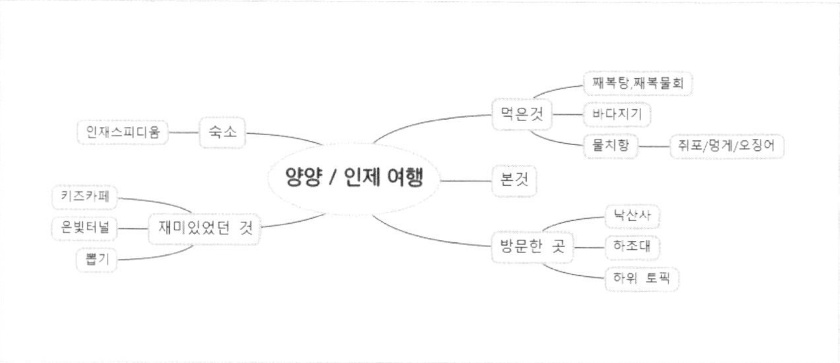

여행 후기 마인드맵 이미지 예시

여행지나 해당 국가의 정보를 나눠서 찾아보기도 하고, 가고 싶은 것 먹고 싶은 것을 사전에 조율할 수도 있어서 좋았다. '여행계획 잡아볼까?'라고 시작하면 막막할 수 있지만, 마인드맵을 그리며 관심 키워드를 먼저 뽑아보고 확장해 나가다 보면 다양한 생각과 궁금한 것들이 생겨난다. 예시와 같이 여행 후 다녀온 곳을 마인드맵으로 함께 정리하는 것도 추억을 오래가게 만드는 좋은 도구가 된다.

2) 마인드맵으로 여행 가방 꾸리기

한정된 여행용 가방 안에 꼭 필요한 물건만 담는 것이 쉬운 일은 아니다. 더군다나 아이들과 함께하는 여행은 챙겨야 할 짐이 훨씬 많아진다. 여행 가방을 수없이 싸다 보니 요령이 생겼지만, 시간은 늘 만만치 않게 걸린다. 이제는 아이들이 성장하면서 스스로 짐을 챙길 수 있게 시켜보고 있다. 이 또한 여행 가방 마인드맵을 통해 넣고 빼야 할 물건을 사전에 계획해 본다. 아이들도 장난감을 잔뜩 넣어놓거나, 다 읽지도 못할 무거운 책을 가방에 욱여넣었던 이전과 달리 한정된 공간 안에 담을 물건을 신중하게 고민한다. 빠뜨리면 안 되는 물건을 체크하거나 대체할 수 있는 물건을 한눈에 볼 수 있어서 여행 가방을 줄여나가는 데도 도움이 된다.

마인드맵 도구는 머릿속 생각을 꺼내기도 하고 잘 모르는 것들에 대한 궁금증을 펼쳐서 연관 있는 것끼리 분류도 할 수 있어서 정보가 많을 때도 효과적으로 생각을 정리할 수 있다. 생각을 확장하고 분류, 정리하는 데 유용하게 쓸 수 있는 마인드맵을 실생활에 활용해보자.

6. 똑똑한 정리를 위한 디지로그(Digital + Analog) 도구

디지로그로 생각정리 하기

우리 몸에 뼈가 몇 개나 될까? 어른이 되면 머리끝부터 발끝까지 206개의 뼈로 구성된다고 한다. 그러면 그 중 손가락뼈는 몇 개나 될까? 정답은 28개. 손허리와 손목뼈까지 합친다면 54개, 무려 26%의 뼈가 손에 있다니 놀랍다. 문제 하나 더 가겠다. 머릿속 생각을 담당하는 뇌는 어디일까? 이 문제의 정답은 '전두엽'이다. 전두엽은 기억력, 사고력 등을 담당하는데, 다른 기관을 통해 들어온 정보를 조정해서 행동하게 하고 글을 읽고 쓰고 토론하고 정리할 때 발달한다고 한다. 실제로 손을 많이 쓰면 생각하는 전두엽이 자극을 받아 뇌 학습에 효과적이라는 연구 결과도 있다. 펜이 아닌 휴대전화 메신저를 빠른 속도로 치면서 엄지와 검지만 발달하고 있지는 않은지 점검할 필요가 있다. 실제로 수업시간에 펜과 노트를 가지고 간단하게 표현하는 실습을 하면 많은 사람이 펜을 오랜만에 써본다며 어색해한다. 그런데 다양한 생각정리 도구를 활용해서 쓰다 보면 생각보다 많은 것들을 채울 수 있다며 신기해한다.

디지털 도구를 얘기하기 전에 아날로그 방식인 손으로 쓰기를 먼저 언급하는 이유는 디지털 도구보다 생각을 자극하는 데 효과적이기 때문이다.

생각을 정리하고 싶다면 먼저 깨끗한 종이와 잘 써지는 펜으로 시작하면 된다. 손으로 정리하기 즐기는 사람들은 문구류에도 관심 있는 경우가 많은데 본인에게 맞는 것을 찾기 위한 시행착오를 즐겁게 반복하기 때문이다. 적게 소유하고자 노력하는 나에게도 정리하기 힘든 물건 종류가 필기구이다. 손에 맞는 펜과 종이 혹은 노트를 통해 자신의 생각을 기록해 보길 추천한다.

아날로그 생각정리 추천 준비물

1) 잘 써지는 펜: Ramy 만년필, 마하3펜, 제트스트림 볼펜, 지우개 달린 HB연필
2) 종이: 생각정리 할 때는 큰 사이즈 종이 추천. A4 노트, A4용지, 모눈 노트, 휴대용은 몰스킨 수첩, A5노트
3) 포스트잇: 생각의 단위를 쉽게 옮기거나 덧붙이기에 용이

이번에는 디지털 도구의 장점을 살펴보자. 기록 후 그만큼 중요한 것이 필요할 때 다시 찾아볼 수 있도록 하는 '검색'이다. 많은 것들을 남기는데 정작 원할 때 찾지 못해서 활용하지 못하는 경우가 있다. 앞 장에서 얘기했던 마법의 정리 4단계를 기억해보자. 간단하게 다시 짚어보자면 1단계 생각을 꺼내고, 2단계 분류하고, 3단계 자리 잡기, 4단계 유지하기이다. 생각정리를 위해 기록을 하며 다양한 아이디어를 만들어냈다면 분류와 자리 잡기를 해주면 된다. 아날로그 기록도 라벨링을 활용하여 L자 비닐 파일이나 바인딩(자료를 묶어서 하나의 자료집으로 만드는 것)을 잘해주면 검색이 용이하다. 이때 정보의 검색을 조금 더 수월하게 도와주는 것이 디지털 도구이다. 우리가 주로 사용하는 휴대전화나 컴퓨터 등 디지털 기기와 프로그램을 활용하

여 수많은 자료를 기록하고 클라우드나 공유기능을 활용한다면 공간에 상관없이 쉽게 꺼내 볼 수 있는 것이 가장 큰 장점이라고 할 수 있다. 글뿐 아니라 그림이나 도표와 같은 이미지, 동영상도 기준을 세워 저장을 잘해놓으면 의미 있는 정보 자료가 된다. 훌륭하고 다양한 디지털 생각정리 도구들이 있지만 써보니 꽤 괜찮은 3가지 디지털도구를 추천해보겠다.

디지털 생각정리 추천도구 3가지

1) 메모 앱

노션(NOTION)

The all in one workspace라는 슬로건답게 디지털 도구의 최대 장점인 실시간 공유, 다양한 콘텐츠의 편리한 삽입, 검색 기능을 훌륭하게 갖춘 생산성 프로그램이다. PC와 모바일 연동이 개수 제한 없이 가능하며 프로 버전으로 업그레이드 시 파일 업로드 용량도 무제한. 단순한 메모의 경우는 구글의 'keep'과 네이버의 '네이버 메모' 추천, 검색 기능도 좋다. 문득 떠오르는 생각과 배움, 추억들을 놓치지 않고 담아보자.

노션 사용 예시

2) 디지털 마인드맵

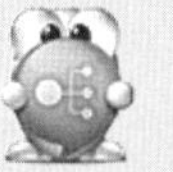

알마인드 (Almind)

앞장에서 다뤘던 마인드맵을 디지털로 만들 수 있는 프로그램이다. 다양한 나라에서 개발된 마인드맵 프로그램이 있고 우리나라에서 알집으로 유명한 알소프트사의 알마인드도 활용하기가 편리하다. 디지털 마인드맵의 장점은 확장과 이동 그리고 수정이 쉽다는 점이다. 나의 경우에도 책을 쓰거나 강의 준비를 할 때, 아날로그로 한번 손 밑그림을 그리고 디지털 마인드맵을 활용해 정리한다. 한번 쓰게 되면 그 매력에 푹 빠지게 되는 멋진 생각정리 도구이다.

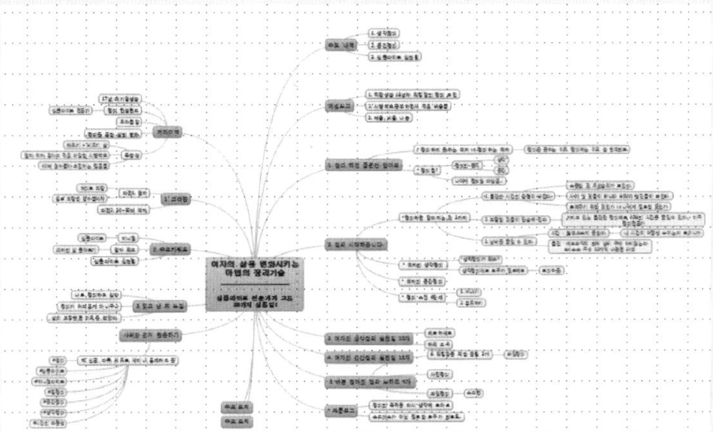

알마인드 사용 예시

3) 스캐너앱

캠스캐너(camscanner)

괜찮은 기사나 좋은 책에서 맘에 드는 정보를 스크랩 하고 싶던 차에 발견한 보물 같은 앱이다. 집에 스캔이 가능한 복합기가 있어도 이 앱을 더 자주 사용할 만큼 이미지 해상도와 공유기능이 좋다. 각종 신분증과 영수증, 서류 등도 깔끔하게 이미지로 바꾸어 준다.

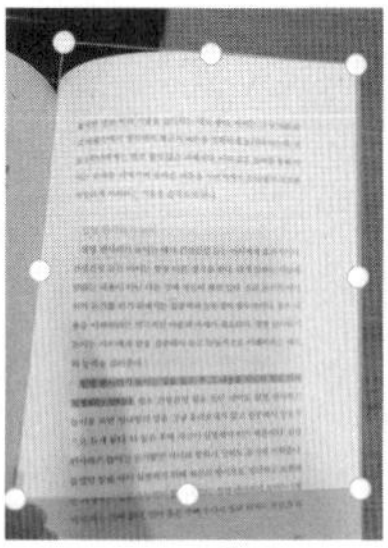
캠스캐너 사용 예시

생각정리는 본인이 직접 쓰고 정리해보는 것이 가장 효과적이고 빠른 지름길이다. 다만 아날로그 형태의 기록에서 불편했던 검색과 다양한 콘텐츠 활용은 디지털 도구를 동시에 사용하는 디지로그(Digital + Analog) 방식으로 정리한다면 많은 도움이 될 것이다. 복잡한 정보사회 속에서 본인의 생각을 정리하고 검색해서 활용하는 능력. 나를 발견하는 매력적인 생각정리의 힘이다.

3장

두 평은 넓어지는 공간정리

1. 내가 가지고 있는 공간과 물건 관찰하기

내가 가진 물건과 공간에 묻다.

가끔 모델하우스에 가고는 한다. 일과 개인적인 호기심 때문에 방문하는데 또 다른 공간을 꿈꾸며 설레는 마음으로 둘러보는 그 공간은 늘 두근거림을 안겨준다. 현재 내가 사는 집도 새로 지은 아파트라 모델하우스가 있었는데 이사 후 만난 이웃들은 왜 실제 집은 모델하우스랑 다르냐며 속았다고 우스갯소리를 했다. 모델하우스는 화려한 조명과 감각 있는 인테리어 용품을 배치해 집을 돋보이게 해주는 곳이기에 매일 생활하는 공간과 차이가 있을 수밖에 없다. 하지만 따라 해볼 만한 요소가 있다. 모델하우스가 좋아 보이는 이유 중 하나는 물건이 많지 않다는 점이다. 집을 꾸밀 때 꼭 필요한 물건만 가지고 여유 있게 공간을 관리한다면 모델하우스 같은 분위기를 맛볼 수 있다.

여러분은 어떤 공간을 꿈꾸는가? 사람마다 기준이 다를 수 있지만, 정리에 관심이 있다면 물건이 아니라 사람이 편안한 공간을 고민할 것이다. 그런데 사람이 우선이 아닌, 물건을 모시고 사는 경우가 많다. 문제는 이 바뀐 '주객전도' 상황을 인식하지 못한다는 사실이다. 필요해서 샀다고 생각했던 물건을 정리하지 못해 스트레스받고, 이를 쌓아두느라 생활공간이 좁아지고 답답해지면 환경을 탓하며 또 힘들어한다. 당신은 정리를 위해 얼마나 시간을 쓰고 있는가? 시간을 내지 못한다는 핑계로 정리를 미루는 경우가 흔한데 정리는 많은 시간을 써야 하는 것이 아니라 최소한의 시간을 들여 쾌적한 환경으로 만드는 것이 중요하다. 그렇기에 정리의 효율성을 높이려면 그에 맞는 배움과 요령이 필요하다.

정리하면 많은 것들이 절약된다. 필요한 물건을 찾지 못해 낭비하는 시간, 쓰지 못하고 아깝게 버리는 물건이 줄어들고 현명한 소비로 이어진다. 물건과 공간은 필요할 때 제 기능을 해야 의미가 있다. 무심코 쌓아두는 것들이 휴식하고 활용할 수 있는 공간을 방해하고 있지는 않은지 살펴보자. 효과적인 정리를 위해 공간과 물건을 다르게 바라보는 10가지 다음 질문을 체크해보자.

물건과 공간에 10가지 묻기

- 물건 사용 후 돌아갈 공간이 정해져 있나?
- 필요한 물건이 있을 때 바로 찾을 수 있나?
- 가족들이 필요한 물건의 위치를 수시로 묻지는 않나?
- 외출 전후 시간 절약을 위한 빠른 동선이 만들어져 있나?
- 이 물건은 최소 6개월 안에 한번 이상 사용했던 물건인가?
- 새로운 물건을 둘 공간이 부족한가?
- 청소를 위해서 사전에 치워야 할 것들이 많은가?
- 책상(주방) 위에서 공부(요리)할 공간이 바로 확보되는가?
- 창고 안에 무엇이 있는지 알고 있나?
- 현재 공간의 주인은 나인가? 물건인가?

질문에 대한 답 들여다보기

1) 물건 사용 후 돌아갈 공간이 정해져 있나?

물건들이 잡동사니가 되어 흩어지는 것은 돌아갈 장소가 지정되어 있지 않기 때문이다. 손톱깎이, 면봉 하나도 지정 자리를 만들자.

2) 필요한 물건이 있을 때 바로 찾을 수 있나?

쓰지 않는 물건이 많으면 정작 써야 할 물건 찾기가 어렵다. 적정량의 물건을 가졌는지 점검해보자. 또한 분류수납을 잘해놓으면 작은 물건 하나도 찾기가 수월해진다.

3) 가족들이 필요한 물건의 위치를 수시로 묻지는 않나?

연관수납, 즉 관련된 것들끼리 모아서 수납하면, 비슷한 물건이 있는 곳에 가서 찾으면 되니까 묻지 않아도 찾을 수 있다. 또한 박스나 바구니에 라벨링(이름표)을 해주면 일일이 열어보지 않아도 내용물을 파악할 수 있다.

4) 외출 전후 시간 절약을 위한 빠른 동선이 만들어져 있나?

외출 시 필요한 소품을 한군데 모아야 한다. 지갑, 열쇠, 안경 등을 담을 바구니를 마련해 편한 곳에 두고 나갔다가 돌아온 후에는 다시 그대로 넣는다. 옷이나 관련 액세서리도 멀지 않은 곳에 두면 시간을 절약할 수 있다.

5) 이 물건은 최소 6개월 안에 한 번 이상 사용했던 물건인가(계절 용품은 1년)?

물건의 종류에 따라 다르겠지만 자주 사용하지 않는 물건이라면 꼭 필요한 것인지 다시 살펴보자. 의외로 사용하지 않는 물건이 자리를 차지하고 있는 경우가 많다.

6) 새로운 물건을 둘 공간이 부족한가?

같은 기능을 하는 기존 물건은 처분하자. 그래도 공간이 부족하다면 새로운 물건이 들어오는 것을 더욱 신중하게 고민해야 한다. 남이 주는 물건도 크게 필요하지 않은 상황에서 받으면 이 또한 짐이 된다.

7) 청소를 위해 사전에 치워야 할 것들이 많은가?

정리가 안 되는 집은 청소상태도 좋지 않을 확률이 높다. 여기저기 물건이 많아서 치우기가 쉽지 않기 때문이다. 바닥에 아무것도 두지 않는 것을 목표로 정리하다 보면 먼지도 덜 쌓일 것이다.

8) 책상(주방) 위에서 공부(요리)할 공간이 바로 확보되는가?

목적에 맞지 않게 공간을 쓰다 보면 정작 해야 할 일을 할 때 필요 없는 에너지가 들어간다. 당연히 깨끗한 책상, 아무것도 없는 조리대에서 공부하고 요리해야 바로 시작할 수 있고 효율이 올라간다. 지금 내 책상, 주방 위에는 어떤 물건이 놓여 있는가?

9) 창고 안에 무엇이 있는지 알고 있나?

창고는 임시장소, 즉 계절용품이나 시즌용품이 잠시 머무는 곳이어야 한다. 있는지도 모르는 물건을 쌓아놓기 위해 비싼 공간을 물건에 내어주고 있지는 않은지 수시로 점검해야 한다.

10) 내 공간의 주인은 나인가? 물건인가?

물건을 사기 위해 끝없는 노동을 하고 물건을 보관하기 위해 더 넓은 집을 찾고 있지는 않는가? 꼭 필요한 것이 무엇인지를 고민해보자. 물건보다 더 소중한 가치에 투자하는 것이 삶을 즐기는 방법이 될 수 있다.

남이 만들어놓은 기준이 아니라 나에게 가치 있는 것을 발견하는 과정을 통해 물건과 공간을 바라보자. 당연한 것인 줄 알았던 것이 다르게 보일 것이다.

2. 공간정리는 작은 것부터

작은 서랍 15분 정리하기

정리는 작은 것부터 시작해야 한다. 가끔은 이사나 계절 같은 변화의 계기가 있어 큰 정리를 하기도 하지만 스스로 하는 '셀프정리'는 작은 것부터 시작해야 꾸준히 할 수 있다.

정리 컨설팅을 하다 보면 어떤 집은 방 하나에 전문가 3명이 8시간을 꼬박 해도 쉽지 않을 만큼 많은 것들이 나온다. 계속 미루고 쌓기만 하다 보니 큰 에너지가 필요하게 되는 것이다. 실제 경험한 정리 안 되는 집의 공통점을 살펴보겠다.

 # 정리 안 되는 집 그리고 집주인이 말하는 공통점

- 정리된 집에 살아보고 싶다.
- 수납공간이 부족하다.
- 옷은 많은데 입을 옷이 없다.
- 물건이 어디 있는지 모르겠다.
- 서랍이 뒤죽박죽이다.

이 밖에도 많은 것들이 있지만 특히 정리 안 되는 집은 서랍에 잡동사니가 뒤죽박죽 섞여 있는 경우가 많다. 언제 쓸지 몰라서 넣어두었던 고무줄, 메모장, 볼펜 등 각각 이유가 있어 두었던 물건임에도 뒤섞여 있으니 정작 필요할 때 찾을 수 없다. 작은 공간부터 비우고 분류해서 정리해보자. 작은 서랍은 15분 정도면 정리할 수 있다. 아마 버려야 할 것들이 적지 않게 나올 것이다. 그렇게 서랍이 정리되기 시작하면 다른 곳들도 정리하기 수월해진다. 그야말로 잡동사니로 여겼던 것들이 줄어들면 큰 것들도 다시 살펴볼 요령이 생긴다. 옷 정리 편에서 자세히 설명하겠지만 옷 정리도 속옷 서랍부터 꺼내어 정리한다. 정리 후에는 찾기도 쉬울 뿐 아니라, 같은 옷을 꺼내 입어도 느낌이 다르다. 깨끗한 호텔 로비에 휴지를 함부로 버릴 수 없듯이 제대로 정리한 공간은 쉽게 어질러지지 않고 제자리에 돌려놓는 시간도 빠르다. 쾌적한 공간을 원한다면 작은 것부터 관리해보자. 생각보다 더 큰 것을 보상받을 수 있다.

매주 일요일은 지갑과 가방정리

'현재 지갑에 몇 장의 카드와 얼마의 현금이 들어있는가? 영수증은 몇 장이 있나?' 가끔 수업시간에 이와 같은 질문을 던져 지갑의 상태를 확인하도록 한다. 소중하게 매일 가지고 다니는 물건임에도 그 안에 있는 것들을 정리하거나 확인하지 않아 지갑의 두께를 몇 배로 불려서 가지고 다니는 사람이 의외로 많다. 쓰지 않는 카드를 몇 개씩 넣어놓거나 무심코 받은 영수증을 꾸깃꾸깃 담아놓는다. 가방 또한 마찬가지이다. 여자들은 평소에 자주 들고 다니는 '데일리 가방 Daily bag'이 한두 개 있기 마련인데 그 안에 있는 물건을 정리하지 않고 그대로 다시 들고 다닌다.

여자에게 더욱 특별한 의미인 가방과 지갑을 정리하기 위해서 매일 또는 적어도 일주일에 한두 번은 가방과 지갑의 물건을 모두 빼놓는 것을 권한다. 다시 들고 나갈 것들인데 번거롭게 왜 그렇게 할까? 나도 처음에 이 방법을 해본 후 귀찮은데 굳이 그렇게 할 필요가 있을까 했다. 그런데 하다 보니 매일 안 하면 찝찝할 만큼 꽤 기분이 좋아진다. 일단 쓸데없는 쓰레기를 줄일 수 있다. 무심코 넣어놨던 전단, 껌 종이도 덜어내고 꼭 봐야 할 것들을 놓치지 않게 되었다. 그리고 왜 가방이 매일 무거운지에 대한 의문도 어느 정도 풀리게 되었다. 혹시 몰라 넣어 두었던 물건들을 빼지 않고 들고 다니니 무게가 나갈 수밖에 없다. 살아있지는 않지만, 물건도 제 역할을 다한 후에는 쉴 수 있는 여유를 주어야 오래도록 주인을 반짝거리게 해준다는 말을 실감한다. 번거롭게 보이지만 가장 작고 소중한 것부터 챙기는 지갑과 가방 정리. 작은 것부터 시작해 큰 변화를 만드는 첫 단추이다.

클린스팟(Clean spot) 5분 정리하기

우리 집에는 잠자기 전까지 필요 없는 물건을 치우는 클린스팟이 몇 군데 있다. 식사하는 식탁, 주방과 거실 사이에 있는 아일랜드 식탁, 그리고 책상이다. 손 높이에 있어서 오가다 물건을 올려놓기 쉬운 장소들이다. 특히 가족이 함께 쓰는 공용장소에 물건을 한두 개씩 쌓기 시작하면 다른 것들이 올라오는 것은 순식간이다. 식탁이 가족과 식사하는 공간으로 역할을 못 하고 음식물과 약 보관, 각종 고지서와 안내문 등으로 덮여있는 집도 꽤 많다. 아일랜드 식탁도 마찬가지이다. 적지 않은 공간을 차지하고 적지 않은 비용을 치른 물건들이 물건 두는 탁자로 전락하지 않으려면 주기적으로 비우는 작업을 해줘야 한다. 책상도 공부를 위해 쓰이는 곳이니 자리에 바로 앉아 공부에 집중할 수 있도록 필요하지 않은 물건은 치워야 한다. 클린스팟이라고 물건이 올라올 때마다 정리하면 가족들도 치우는 사람도 힘들 수 있으니 자기 전 5분 정도 시간을 내어 정리한다. 그러면 이곳도 어질러지는 속도는 느려지고 치우는 속도는 빨라진다.

아일랜드 식탁

또한, 외출 전 5분 정리가 집에 돌아왔을 때 기분 좋은 기운이 되어 반겨준다. 지치고 힘든 날, 어질러져 있는 것들을 보면 에너지가 더 분산되는 느낌이 든다. 완벽하게 정리된 상태가 아니더라도 바닥에 뒹굴어 다니는 물건만 보이지 않아도 괜찮다. 자기 전 5분, 외출 전 5분, 그리고 아침에 일어나서 5분 정도만 투자해도 꽤 상태 좋은 집으로 바꿀 수 있다. 작은 공간부터 적은 시간을 들여 변화를 만들어보자. 분명히 몇 배 이상의 큰 보람이 있을 것이다.

마법의 정리 액션!

한 번에 치우기 게임

여기저기서 나온 물건들을 정리할 때는 하나씩 가져다 놓으면 시간이 오래 걸린다. 방의 위치나 동선에 따라 물건을 최대한 손이나 바구니에 담고 원래 있던 제자리에 다시 제자리에 내려놓으면서 마무리하면 생각보다 후다닥 치울 수 있다. 물건의 위치가 제대로 잡혀있다면 고민하지 않고 어렵지 않게 가져다 놓을 수 있다. 이때 임기응변으로 대충 쌓아놓지 않도록 해야 한다. 가족과 함께 게임으로 할 때는 물건을 떨어뜨리지 않고 제자리에 빠르게 가져다 놓는 사람이 승!

3. 나는 작년에 벗고 살았나 - 옷장정리

옷이 많은데 입을 옷은 안 보이는 이상한 옷장

당신의 옷장에는 몇 벌의 옷이 있는가? 그 숫자를 헤아리기 어려울 만큼 많은 옷이 가득하지는 않나? 한 통계에 따르면 한국 여성이 평균적으로 보유하고 있는 의류가 160여 벌 정도라고 한다. 남성평균도 140여 벌로 적지 않다. 스파(SPA Specialty store retailer of Private label Apparel Brand : 제조유통을 한 회사가 모두 일괄해서 빠른 상품생산과 유통이 가능함) 브랜드 매장에서는 밥 한 끼 값이면 유행하는 스타일의 옷을 살 수 있고 클릭 몇 번이면 하루 만에 배송되는 편리한 쇼핑시스템 덕분에 옷장이 가득 차는 것은 시간문제이다. 계절이 바뀌거나 행사라도 있으면 입을만한 옷을 찾기 위해 다시 쇼핑을 시작한다. 더 큰 문제는 매년 이런 상황이 반복된다는 것이다.

그런데 옷이며 소품이 적지 않게 있음에도 왜 내 옷장에서 고를 때는 마음에 드는 것이 안 보일까?

첫 번째 이유는 입는 옷보다 입지 않은 것이 더 많은 자리를 차지하고 있기 때문이다. 이런 옷이 뒤섞여 있으면 선호하는 옷을 구별하기 힘들다.

두 번째 이유는 자신의 스타일을 제대로 파악하지 않고 옷을 구매해서 그렇다. 선호하는 스타일과 본인에게 맞는 매칭 방식을 알고 있으면 가지고 있는 옷 중에 골라내야 할 것이 보인다. 자주 입는 옷을 중심으로 옷을 관리하면 옷을 조금 더 쉽게 구분할 수 있다.

세 번째는 옷을 보이지 않게 수납해서 그렇다. 옷이 많이 있어도 눈에 띄지 않으면 고를 수 없다. 옷을 찾기 쉽게 수납하려면 옷걸이를 이용하는 것이 좋다. 앞뒤 공간 여유분을 두고 걸어두면 가지고 있는 옷이 더 잘 보인다. 색상이나 길이를 고려해 정리하면 비슷하게 겹치는 옷도 보인다. 요약하자면 본인이 자주 입는 옷을 중심으로 스타일을 파악하고 그 옷을 보이게 걸어놓으면 옷이 많아도 입을 옷이 눈에 띈다. 옷 정리만 잘해도 다시 새 옷 사는 일을 신중하게 검토해 볼 수 있을 것이다.

가볍지만 설레는 옷장으로 바꿔보기

수업을 하거나 컨설팅을 할 때 많은 사람이 정리를 어려워하는 공간 중 하나가 옷장이다. 그 이유는 본인뿐 아니라 가족 옷까지 더해져 수백 벌을 관리해야 하고 세탁 후 입고 넣고 정리를 반복하는 일이 만만치 않기 때문이다. 그래서 옷은 무엇보다 정리의 요령을 알고 정리시간을 줄여나가야 할 지속적인 정리대상이다. 관리시간과 옷의 개수를 줄일 수 있도록 도와주는 똑똑한 가전 도구 하나를 추천한다. 바로 연간 120만대 이상 팔릴 만큼 필수 가전으로 자리 잡은 의류 건조기이다. 나도 건조기를 몇 년 전부터 쓰고 있는데 확실히 빨래 후 건조하는 수고와 시간이 줄어들어 만족하며 쓰고 있다. 또 하나 건조기의 장점을 덧붙이자면 마음에 드는 옷을 빠르게 세탁해서 자주 입을 수 있다는 점이다. 이를 활용한다면 선호하는 스타일에 맞는 옷을 적절하게 보유하면서 깔끔하게 옷을 관리할 수 있다. 특성상 모든 옷을 다 건조기에 넣을 수는 없지만 웬만한 옷은 코스에 따라 세탁 후 건조하면 바로 입을 수 있으니 비슷한 여벌의 옷을 가지고 있지 않아도 된다. 좋은 도구를 이용하여 옷의 개수를 줄일 수 있다. 가볍게 살기를 권하지만 필요한 도구를 통해서 효율성을 높일 수 있다면 좋은 제품을 잘 고르는 지혜도 필요하다.

좋아하는 의류매장이나 쇼룸을 보면 어떤가? 당장 꺼내서 입고 싶은 예쁜 옷들이 가지런히 걸려 있다. 마치 꼭 필요한 물건들만 배치된 아파트의 모델하우스처럼 옷이 많이 걸려 있지 않아도 설레는 옷들만 있으면 보기만 해도 기분이 좋아진다. 내 옷장도 이렇게 입고 싶은 옷만 걸어 놓으면 어떨까? 앞서 언급했듯이 정리하지 않으면 입지 않는 옷에 가려 입어야 할 옷이 빛나지 않는다. 꼭 입고 싶은 옷들만 남겨서 옷장을 가볍게 해보고 일정 목표가 달성될 때까지는 의류 쇼핑을 하지 말아보자. 쉽지 않겠지만 옷장 앞에서 고민하는 시간도 줄어들고, 있는 옷을 다양하게 코디하는 방법도 고민하게 된다. 저렴해서 혹은 유행해서 충동구매하던 방식에서 벗어나 값이 더 나가더라도 멋지게 오랫동안 입을 수 있는 것으로 신중하게 구매하는 형태로 변화하는 것도 추천한다. 다른 사람이 입은 옷을 평가할 때 어떤 기준으로 바라보는지를 생각해보면 옷을 고르는 관점도 달라질 수 있다.

옷 정리를 위한 실천 리스트 10가지

옷을 정리 수납하는 다양한 방법이 있지만, 옷을 덜 사고 더 수월하게 관리하는 10가지 실천 리스트를 공개한다.

1) 보이게 옷 걸기

보이지 않는 옷은 잘 입게 되지 않는다. 공간이 된다면 옷걸이에 걸어서 관리하자.

2) 정해진 옷걸이 개수 늘리지 않기

가족 수와 옷 입는 패턴 등을 고려하여 통일된 옷걸이를 수량에 맞게 준비하고 옷걸이가 모자라면 옷걸이를 살 것이 아니라 옷을 덜어내자.

3) 안 입는 옷 뺀 후 새 옷 채우기

현재 입는 옷을 제대로 파악하면 추가로 구매할 옷도 명확해진다. 쇼핑 전 옷장 체크 후 구매하고 안 입는 옷은 빼주자. 아까운 옷은 판매나 기부도 좋은 방법이다.

4) 좋은 옷 사서 자주 입기

저렴한 옷 여러 벌보다 조금 더 질이 좋은 옷 한두 벌이 장기적으로 보면 더 이득이다. 비싸다고 모두 좋은 것은 아니지만 섬유 구성과 세탁 관리 방법을 감안하여 조금 더 오래 입을 수 있는 옷을 지혜롭게 고르는 것이 좋다.

5) 휴대전화로 찍어 '나만의 코디 북' 만들기

외출 전후 나의 착장 상태를 전신이 다 보이게 찍어보자. 입을 옷이 없어 고민일 때 좋은 아이디어를 얻을 수 있다.

6) 나의 스타일 파악하기

자주 입는 옷은 앞으로 빼놓고 안 입는 옷은 뒤로 보내는 방식으로 선호하는 것들을 파악하며 관리해보자. 불필요한 옷을 쌓아두거나 충동구매하는 일을 줄일 수 있다.

7) 옷 정리에 힘 빼지 말기

다른 정리도 마찬가지지만 옷이 많으면 시간과 공을 들여도 정리하기 힘들다. 가벼운 옷장을 목표로 정리하는 시간을 줄여보자.

8) 옷 아닌 몸에 투자하기

옷을 멋지게 입는 최고의 방법은 몸을 멋지게 만드는 것, 쉽지 않지만 옷보다 몸에 투자해보자. 무엇을 입어도 멋지게 소화할 수 있을 것이다. 나도 노력 중이다.

9) 시간, 장소, 상황(Time,Place,Occasion)에 맞는 옷 미리 분류하기

옷은 시간과 장소 그리고 상황을 고려해 입으면 더욱 빛이 난다. 업무, 여행, 휴식, 운동 생활 패턴에 따른 옷 몇 가지를 미리 분류해 코디하면 고민 시간을 줄일 수 있다.

10) 소품 활용하기 (스카프, 모자, 신발 등)

같은 옷을 입어도 다양한 소품을 이용하면 또 다른 코디를 할 수 있다. 좋아하는 옷스타일에 맞추어 소품을 매치해보자. 몇 개의 옷으로도 다양한 느낌을 낼 수 있다.

'언젠가 살 빼서 입어야지, 안 입지만 비싸게 주고 샀으니 못 버리겠어, 지난 주에 입은 옷을 또 입고가면 사람들이 이상하게 생각하겠지?' 등 다양한 이유로 옷장을 가득 채우고 있는 당신. 다시 옷을 채워 정리 안 되는 옷 때문에 스트레스받지 말자. 옷은 많은데 입을 옷은 없는 이상한 옷장이 아니라 내 맘에 쏙 드는 옷만 모여있는 '나만의 쇼룸' 같은 곳으로 만들어보자. 언제 봐도 내가 입고 싶은 옷만 들어있는 옷장, 생각만으로도 설레지 않는가?

한 가지 더, 내가 무심코 샀던 청바지 한 벌을 만들기 위해 목화재배부터 필요한 물이 약 7,000ℓ, 이산화탄소는 32.5kg이나 발생한다는 그린피스의 보고가 있다. 우리나라 4인 가족 기준으로 5~6일을 쓸 수 있는 물과 소나

무 11.7그루를 심어야 상쇄할 수 있는 수준이라니 놀랍다. 또한 전 세계에 버려지는 옷 85%가 매립되어 오염물질이 많이 나오는 산업 중 하나로 '패션 사업'이 꼽힐 정도라고 한다. 작년에 무엇을 입고 살았는지 투덜거리며 쇼핑하기에 앞서 옷을 잘 관리하고 정리하며 제대로 입는 길이 어떤 것인지를 먼저 고민해보았으면 한다.

4. 목적에 충실한 공간정리 - 주방, 침실

주방 정리가 어려운 이유

– 40대 지민씨 이야기

두 아이를 키우는 40대 지민씨는 아이를 위해 요리하는 것을 즐긴다. 그러다 보니 식재료가 냉장고, 김치냉장고 두 대에 가득했다. 한 달에 두세 번은 가족과 창고형 대형마트에 가서 장을 본다. 묶음 단위가 커서 4인 가족이 먹기에 양이 많아도 두고 먹어야지 하는 마음으로 구매했다. 매번 10만원이 훌쩍 넘게 장을 보는데도 막상 집에 오면 오늘 뭘 해 먹지 고민한다. 이전에 사 온 것도 꽤 많이 남아 있어서인지 냉장고 내부는 복잡한데 무엇이 있는지도 잘 모르겠다. 꺼낼 엄두가 안 나니 또 장을 본다. 평소에 그릇도 좋아하는 편이라 구매도 자주 하고 선물도 많이 받는다. 덕분에 싱크대 위는 그릇이 가득하고 뜯지 않은 새 그릇도 창고 어딘가에 몇 개씩 있다. 점점 주방이 무거워지는 것 같지만 줄이기도 쉽지 않다.

언제인가 엄마가 "알약 하나만 먹어도 맛있고 건강하게 배부른 신약이 개발되면 좋겠다"는 말씀을 하셨던 기억이 난다. 먹는 즐거움이 얼마나 큰데 약 하나로 그걸 해치워서야 되겠냐며 반발했다. 그런데 아이를 낳고 가족을 위해 건강하고 맛있는 식사를 만들어야 한다는 어려운 미션을 매일 수행하다 보니 어느 정도 엄마의 말씀이 이해된다. 그만큼 주방일이 신경 쓰이고 손도 많이 가는 쉽지 않은 것이라는 것을 깨닫게 된 것이다.

사례에 나온 40대 지민씨도 열심히 가족을 위해 애쓰는 열혈 엄마이다. 요리하는 것을 즐기지만 그만큼 욕심을 내서 각종 재료와 요리도구, 새로 나온 주방가전까지 가득한 탓에 주방에 여유가 없어 보였다. 요리를 빨리할 수 있을 것 같아 자주 쓰는 도구와 양념들은 모두 밖에 꺼내놓았다. 자리가 부족하다 보니 여기저기 틈이 생기는 대로 물건을 넣고 비슷한 목적을 가진 물건끼리 연관 수납이 되지 않아 불필요한 동선도 길었다. 주말에 남편이 도와주려 해도 무엇이 어디에 있는지 찾기 어려워 시간이 오래 걸렸다. 그럼 지민씨 주방 문제점을 자세히 들여다보자.

노출형(위) / 비 노출형(아래) 주방 사례

정리 안 되는 주방의 문제점 체크하기

1) 노출형으로 수납되어 있다.

가장 큰 문제는 노출형으로 수납되어 있다는 것이다. 노출형은 싱크대와 선반 등 공간이 있음에도 물건을 밖으로 배치한 상태이다. 물건을 손에 닿는 곳에 두고 빨리 꺼내 쓸 것 같지만 많은 물건이 밖에 나와 있으면 오히려 찾는 데 방해가 된다. 또한 요리를 준비하고 접시에 놓는 공간도 부족해 효율성이 떨어지고, 시간이 지날수록 먼지와 기름때도 앉아 위생상 미관상으로도 좋은 방법이 아니다. 물건을 목적에 따라 내부 공간에 분류하여 정리하는 비노출형 수납을 추천한다.

2) 라벨링(이름표 붙이기)이 되어 있지 않다.

가족들이 요리를 돕고 싶어도 무엇이 어디에 있는지 파악되지 않으면 묻고 찾느라 불필요한 시간이 발생한다. 양념류는 물론 자주 쓰는 그릇과 도구들은 문밖이나 안쪽에 이름표로 라벨링을 해서 물건을 헤매며 찾지 않도록 하면 도움이 된다. 별것 아닌 것 같지만 제자리에 이름이 있는 것들은 집에 돌아가기도 쉽다.

3) 식자재가 많은데 장을 자주 본다.

주방의 식자재는 건강과도 직결되어 있기에 주기적으로 관리해야 한다. 채소와 과일 등 신선한 재료들을 사다가 냉장고에서 썩히고 있지는 않은지 살펴보자. 이를 위해 냉파(냉장고 파먹기, 냉장고에 있는 음식으로만 요리하고 다 먹으면 장을 보는 것)를 실천해보자. 세일 한다고 많이 사다 놓고 먹지 않아 버리면 결코 싸게 산 것이 아니다.

4) 연관 수납되어 있지 않다.

같은 목적을 가진 도구와 재료는 유사한 곳에 수납해야 찾기 쉽다. 정리 정돈의 기본 원칙이고 특히 주방에서는 이것을 잘 지키지 않으면 불필요한 시간이 반복적으로 발생한다. 새로운 요리도구가 들고 날 때도 연관수납을 통해 빠르게 제자리를 선정할 수 있다.

5) 원터치로 정리되어 있지 않다.

프라이팬을 포개놓으면 밑에 있는 것을 꺼내기 위해 위에 있는 것을 다시 들고 옮기는 과정을 거쳐야 한다. 이 경우 위에 있는 것만 쓰고 아래 것은 덜 쓰게 된다. 또한 서로 겹쳐 부딪히면서 스크래치도 나고 코팅에 영향을 주기도 한다. 음식도구의 양이 적정한지 살펴보고 자주 쓰는 물건의 경우 한 번에 꺼낼 수 있도록 수납공간을 원터치 방식으로 배치해주어야 한다.

6) 주방의 동선이 엉켜있다.

또 하나 중요한 것은 주방의 동선을 생각하면 정리를 효과적으로 할 수 있다는 것이다.

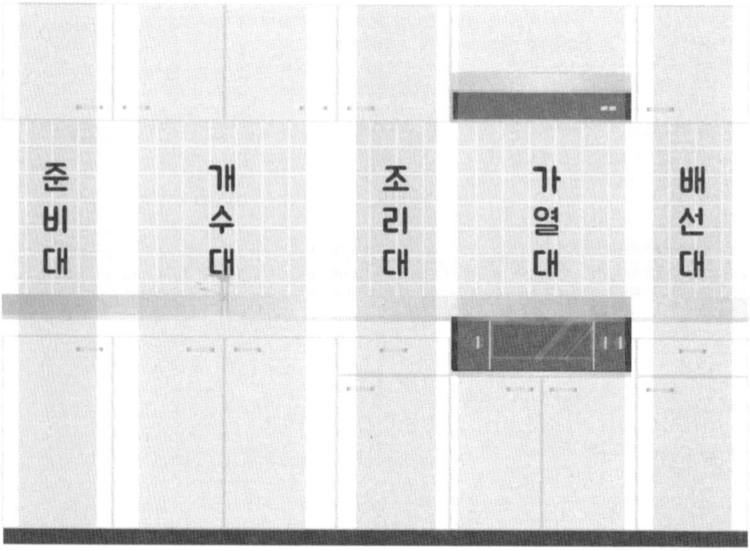

싱크대 동선 이미지

음식 재료를 세척하고 다듬고 가열하고 요리 후 접시에 놓기까지의 동선을 고려하여 수납하면 주방일의 효율성을 높일 수 있다. 공간이 되는 대로 가지런히 수납만 해왔다면 이처럼 요리의 효율을 고려하여 배치해 보자. 자주 사용하는 빈도, 그리고 하중을 고려하여 수납하면 된다. 시간과 동선을 고려하여 주방을 정리하면 속도도 빨라지고 음식도 더 맛있어진다.

우리 집 주방 점검 리스트 10가지

우리 집 주방을 점검해보세요.

- □ 주방조리대 위에 물건이 많이 올려져 있다.
- □ 주방 벽면에 조미료 및 요리도구들이 5개 이상 걸려 있다.
- □ 가족구성원에게 필요한 식기 세트보다 3배 이상 많은 식기를 가지고 있다.
- □ 식탁 위에 식사와 관련 없는 물건들이 1/3 이상 자리를 차지하고 있다.
- □ 조리도구들이 일관성없이 여기저기 흩어져있다.
- □ 주방 서랍에 물건이 뒤섞여 있다.
- □ 조미료 상태를 정기적으로 점검하지 않는다.
- □ 냉장고를 청소한 지 3개월이 지났다.
- □ 냉장고 안에 있는 식재료가 무엇인지 기억할 수 없다.
- □ 그릇세척 건조 후 싱크대 안에 들여놓지 않고 그대로 사용한다.

알게 모르게 습관화되어 있던 행동들이 위생과 요리의 효율성을 방해하고 있지는 않은가? 이 질문에 5개 이상 해당된다면 주방정리가 제대로 되지 않아 스트레스 받았을 가능성이 크다. 가족의 건강과 행복을 만들어주는 소중한 주방. 어느 곳보다도 공간정리의 우선순위를 높여야 할 곳이다.

마법의 정리 액션!

냉장고 안을 파악하는 냉장고 맵

얼마 전에는 똑똑 두드리면 문을 열지 않고도 안에 있는 음식과 재료를 보여주는 냉장고가 출시되었다. 여러분의 냉장고 안에는 무엇이 들어 있는지 알고 있는가? 재고가 제대로 파악되지 않아서 있는 재료를 또 사거나 먹어야 할 때 먹지 못하지는 않았나? 이제 냉장고 지도를 만들고 써넣어보자.

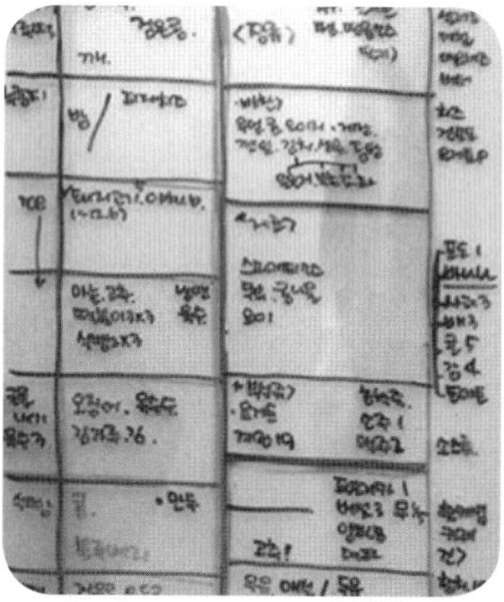

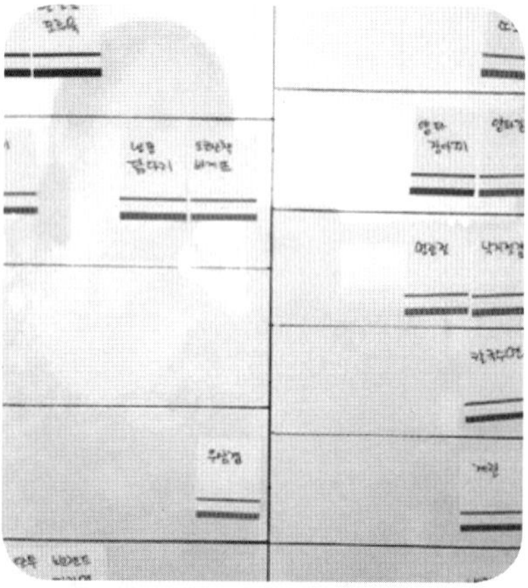

준비물: 보드마카로 쓰고 지울 수 있는 ohp 필름, 아니면 종이+포스트잇 혹은 소형 보드판도 좋다.

액션1: 가지고 있는 냉장고 선반의 위치를 지워지지 않는 네임펜으로 그려준다.

액션2: 지울 수 있는 보드펜이나 떼어낼 수 있는 포스트잇을 활용해 냉장고 안에 있는 식자재를 기재한다. 수량과 먹을 수 있는 유통기한을 함께 적으면 더 좋다.

액션3: 파악이 완료되면 냉장고 앞에 붙여놓고 소비하는 것은 지우고 새로 들어오는 것은 더하며 냉장고 속 재료를 재고관리하자. 생각보다 많은 양의 재료와 먹을 수 없는 것들이 관리되지 않는다는 것을 알게 된다. 장을 보러 갈 때는 냉장고 맵을 찍어서 참고하면 야무지게 장을 볼 수 있다.

세상을 변화시키고 싶다면 침대 정리부터

주방은 요리하는 곳, 그럼 침실은 어떤 곳인가? 열심히 살아가는 우리 몸을 쉬게 하고 편하게 잘 수 있도록 환경을 조성해야 하는 중요한 정리대상이다. 일상의 1/3 이상을 이곳에서 보낸다 해도 과언이 아닐 정도로 침실은 우리에게 많은 영향을 준다. 이러한 침실을 어떻게 관리하고 있는가? 이와 관련된 유명한 일화가 있다.

2014년 미국 텍사스대학에서 특별한 졸업식 축사가 있었다. 미 해병대 4성 장군인 윌리엄 H. 맥레이븐Macraven 제독은 이 졸업식에서 사회로 나가는 졸업생들에게 인상 깊은 행동 지침을 내렸다. "**세상을 변화시키고 싶다면 매일 아침 침구를 정리하세요**If you wanna change the world, Make Your Bed"라는 연설로 큰 화제가 되었다. 다소 엉뚱해 보이는 이 조언은 이어지는 그의 설명을 통해 명언으로 남았다. 짧은 시간 침구 정리를 통해 아침을 활기차게 시작할 수 있고 지친 몸으로 집에 돌아왔을 때 우리를 맞아주는 잘 정리된 침대를 보며 다시 힘을 얻을 수 있다는 얘기였다.

이런 작은 성취를 통해 더 큰 것들을 이뤄나갈 수 있으므로 작은 정리부터 실천해 보는 것은 매우 중요하다. 경험에 비추어 상황을 그려본다면 침대 정리가 주는 효과를 이해하게 될 것이다. 실제 침대 정리하는 시간은 길어야 5분 안팎이다. 잠깐의 시간과 적은 노력이지만 휴식을 주었던 침구를 정갈하고 깨끗하게 정리해 놓으면 다시 잠자리에 들려고 침대를 보았을 때 기분 좋은 에너지가 느껴진다. 이것이 정리한 공간이 주는 힘이다.

수업시간에 종종 관련 영상을 보여주며 얘기를 나누는데 의외로 침구 정리를 안 하는 사람들이 많았고, 다시 실천해 보겠노라고 다짐하기도 했다. 자녀와 함께 해당 연설을 보며 작은 실천의 필요성에 관한 얘기를 나누었더니 아이가 스스로 이불 정리를 시작했다며 기쁘게 알리기도 했다. 정리를 통해 기분 좋은 경험을 느꼈다면 주변에 나눠보자. 긍정적인 효과가 전염된다. 실천하고 나눌수록 긍정적인 효과들은 더 크게 확산된다.

침실 정리를 하면 생기는 장점을 3가지로 정리해보면 첫 번째는 숙면, 두 번째는 휴식, 세 번째는 위생이다.

잠을 자는 곳은 숙면을 목표로 침대, 침구, 조명 등 다양한 요소를 고려해야한다. 안타깝게도 건강이 좋지 않거나 스트레스로 인해 쉽게 잠을 못 자는 경우도 있지만 혹시 이런 이유가 아닌데도 깊이 자지 못한다면 침실에 숙면을 방해하는 것들이 없나 살펴볼 필요가 있다. 대표적인 예가 침대 머리맡이나 발밑에 보이는 책장이다. 잠자리에 들기 전 한두 권씩 읽는 책 수준이 아니라 한쪽 벽면을 가득 메운 책, 특히나 누웠을 때 보이는 많은 양의 책은 숙면을 방해한다. 방문했던 집 침실에 어마어마한 책장을 배치하는 경우를 적지 않게 보았다. 책을 다른 곳에 둘 공간이 부족해서라기보다 어디서든 볼 수 있도록 하기 위해서라는 이유가 많았는데 의도와 달리 침실의 목적인 휴식을 방해하는 물건이 될 수도 있다.

만약 침실과 공부방을 같이 쓰는 이유라 하더라도 잠을 청할 때 쏟아질 것처럼 많은 책이 바로 시선 안에 들어오는 배치는 변경해야 한다. 특히 책은 청소도 쉽지 않기 때문에 제대로 관리되지 않을 경우 미세먼지를 일으켜 호흡기 질환의 주요 원인이 될 수도 있다. 실제 한 지인은 비염이 심해 여러 가지 요인을 찾다가 책장정리를 하고 침실을 별도로 배치한 후 훨씬 호전되었다고 한다.

또한 침실 내에 불필요한 가전이나 전자파를 일으키는 것들이 없는지도 살펴보아야 한다. IT기기들이 보편화되고 휴대전화가 일상과 밀착되면서 침실에 있는 이러한 물건들이 보이지 않는 정전기, 전자파 등을 통해 숙면과 휴식을 방해한다.

마지막으로 위생관리 측면에서 오래된 침구가 방치되고 있지 않은지 살펴보아야 한다. 침실에서 사람으로 인해 집먼지진드기가 생긴다는 것은 많이들 알고 있지만 침구에도 사용 가능한 유효기간이 있다는 것은 간과한다. 특히 매일 사용하는 베개의 경우 3년 이상 되었다면 교체하는 것이 좋다. 혹시 쓰일 것에 대비한 여분의 베개와 이불 등으로 옷장 한 칸을 가득 채우는 경우가 많다. 계절 침구를 감안하더라도 여분은 한두 개 이내로 관리하는 것이 위생과 공간 효율성 측면에서도 좋다. 하나 더, 침대 밑을 물건 보관공간으로 활용하는 경우도 많이 볼 수 있는데, 부족한 공간을 활용하는 측면에서는 의미가 있으나, 방치되는 물건이 쌓여 있지 않은지 정기적으로 살펴볼 필요가 있다. 침대 아래는 눈에 잘 띄지 않기 때문에 관리가 쉽지 않다. 침대와의 간격이 높고 공간이 넓을수록 더욱 세심하게 체크해보자.

침실은 충분한 휴식을 누릴 수 있는 공간이 될 수 있도록 그 어느 공간보다 과감하게 불필요한 것을 덜어내야 한다. 또한 위생과 가장 편한 휴식을 목표로 침실을 정리하면 숙면에도 큰 도움이 된다. 침실에는 물건이 아니라 잔잔한 음악과 좋은 아로마 향기로 채워보는 것은 어떨까? 지금, 내 침실에는 무엇이 있나 살펴보자.

5. 가성비 좋은 공간정리 - 현관, 욕실

집의 첫인상 현관

사람마다 첫인상이 있는 것처럼 공간에서도 느낄 수 있는 첫인상이 있다. 집의 첫인상은 현관이다. 집을 나서거나 돌아올 때, 손님을 맞을 때도 그 시작과 끝을 현관이 담당한다. 한 평 남짓한 이 공간은 다른 공간에 비해 정리하기도 빠르고 그 효과도 좋아서 노력 대비 가성비가 높은 정리대상이다. 그러나 가족 모두가 사용하는 공유공간이고 밖에서부터 신고 온 신발을 놓는 곳이기에 잘못하면 금방 흐트러지기 쉬운 곳이기도 하다. 그래서 가족과 함께 정리 습관을 들여 꾸준하게 유지될 수 있도록 해야 한다. 현관정리 시 우선하여 점검해야 할 5가지를 살펴보자.

1) 가족구성원별로 신발 보유 개수를 설정해보자.

현재 주로 신고 다니는 신발은 어떤 것인가? 아이들의 경우 발이 쑥쑥 크기 때문에 신기 편한 신발 두세 켤레 내외면 적당하다. 내 아이의 경우 신발이 몇 켤레 있어도 본인이 마음에 드는 것만 '데일리 신발'로 신고 다닌다. 심지어 신발이 작아지니 같은 브랜드 같은 제품으로 계속 신겠다고 해서 큰 사이즈로 새로 사주었다. 발이 커져서 신발이 작아지지 않는지 불편하지는 않는지를 종종 확인하면서 현재 발 사이즈에 맞는 최적의 신발을 골라주는 것이 좋다. 아무래도 여자아이들의 경우 남자아이들보다는 더 많은 신발이 필요하다. 성인의 경우는 발 사이즈 변화가 거의 없기 때문에 사이즈가 아닌 선호도 중심으로 적정 보유 개수를 정해 관리한다.

2) 신지 않는 신발은 앞으로도 신지 않는다.

옷 정리 때 언급했던 것처럼 신발이 적지 않은데도 마땅히 신을 신발이 보이지 않는다면 신발장에 신고 싶은 신발만 들어있는지 체크해보자. 신지 않은 신발과 뒤섞여 정작 신어야 할 신발은 관리가 안 되는 건 아닌지 확인이 필요하다. 특히 아이들 신발의 경우 짧은 기간 신다 만 것들이 많아 빼지도 못하고 자리만 차지하는 경우가 있다. 장화나 겨울용 부츠를 제외하고 최근 3달 이내에 신지 않은 신발이 있다면 앞으로도 신지 않을 가능성이 큰 배출 대상 후보들이다. 후보들을 골라보자.

3) 현관 바닥에는 최소의 신발과 물건만 둔다.

많은 집을 방문하다 보니 비슷한 성향도 발견할 수 있다. 현관 상태가 집 정리상태와 연관이 있다는 것도 그중 하나이다. 집마다 차이가 있으니 절대적이라고 할 수는 없으나 대체로 현관 정리상태를 보면 집 정리 상태가 예측된다. 현관 바닥에 신발이 많이 있고 뒤섞여 있으면 그것을 정리하는데도 많은 에너지가 쓰인다. 당장 신고 다닐 신발 한 켤레씩만 두고 나머지는 신발장 안쪽이나 선반으로 수납해준다. 자리가 부족하다면 신발이 많지 않은지 점검해보자.

4) 바닥 청소를 자주 해준다.

설명하지 않아도 신발 바닥이 위생적일 수 없다는 건 다 안다. 그러니 현관을 깨끗하게 유지하기 위해서 자주 쓸고 닦고 해주어야 한다. 만약 바닥에 물건이 많이 놓여 있다면 청소하기 불편하고 자꾸 미루게 된다. 바로 현관 바닥을 비워야 하는 중요한 이유이다.

5) 우산도 가족구성원 수에 맞게 추려보자.

현관에 있는 주요 물품 중 하나가 우산이다. 비 오는 날 집에 돌아왔을 때는 우산을 펼쳐 물기를 말리고 마른 상태에서는 바닥이 아닌 봉에 걸어 준다. 걸 수 없는 손잡이의 경우에는 집게를 이용하거나 혹은 끝에 타이(전선을 묶기 위해 쓰는 얇은 플라스틱 선)를 묶어 고리 형태로 걸 수 있다. 우산꽂이에 넣어두면 우산꽂이 통도 우산 꼭지도 물기로 오염될 수 있고 좁은 공간에서는 의외로 자리도 많이 차지한다. 우산은 인당 한 개씩, 추가로 여분 한두 개 정도 수량으로 많지 않게 관리하자. 잃어버리거나 고장 나면 그때 구매하면 된다.

현관에 신발이 가지런히 있는 것만으로도 꽤 정갈한 느낌이 든다. 아이들에게도 어릴 때부터 자기 신발은 가지런히 놓고 들어오는 습관을 들여 주면 좋다. 소중한 발을 보호해주는 신발에 대한 배려이기도 하고 지나간 흔적이 그대로 남는 물건이기도 하기 때문이다. 아이들에게 손님이 왔을 때 신발 정리를 시켰다. 처음에는 귀찮아하고 시간이 걸리긴 했지만, 손님들에게 칭찬을 받은 후로는 스스로 해보려는 시도가 늘었다. 어렵지 않은 정리만으로도 큰 변화를 느낄 수 있는 곳, 현관이다.

또 다른 휴식이 이루어지는 곳, 욕실

나는 손님이 올 때 가장 신경 쓰는 곳이 현관, 그리고 욕실이다. 물론 다른 곳도 살피지만 두 공간은 방문하는 집의 첫인상을 좌우하고, 개인적인 시간을 보내는 곳이기 때문에 먼저 정리한다.

욕실은 여러 가지 의미로 우리 일상에 많은 영향을 주는 공간이다. 생리적인 현상을 해결하는 기본적인 용도부터 샤워나 목욕을 통해 삶의 활력을 얻기도 하고 개인적 공간이기에 자기성찰을 하기도 한다. 내 경우를 돌이켜보면 욕실은 아이들이 어려서 껌딱지처럼 엄마만 찾을 때 잠시 피신해 있던 도피(?) 공간이기도 했다. 물론 금세 '까꿍' 하고 나와야 했지만. 아르키메데스가 목욕하다가 수학적 아이디어를 얻고 유레카를 외쳤다는 유명한 일화가 있는 곳도 욕실이다. 생각지 못한 아이디어가 샤워나 목욕할 때 더 잘 떠오른다고 한다. 이것은 사람들이 경직되어 있을 때보다 몸과 마음이 이완될 때 아이디어나 생각이 좀 더 유연하게 나오기 때문이다. 이처럼 욕실은 여러 가지 즐거움을 주는 곳이 분명하다.

욕실을 정리하는 일이 만만한 일은 아니다. 공용공간이고 위생적으로 관리해야 하므로 보통 욕실 정리라고 하면 화장실 청소가 먼저 떠오른다. 학창시절에는 선생님이 내리는 강한 벌 중 하나가 '화장실 청소'일 만큼 하기 싫고 귀찮은 일로 여겨지기도 했다. 나도 가끔 남편에게 농담 반 진담 반으로 "나도 결혼 전에는 화장실 청소는 하지 않았다"라고 귀찮은 내색을 보이기도 했다. 지금도 욕실 청소가 항상 즐거운 일은 아니지만 적어도 전처럼 하기 싫거나 미루는 일은 줄었다. 바로 '짝꿍 정리법'을 활용해서 커다란 일을 많이 줄이기 때문이다.

짝꿍 정리법은 '~할 때, ~같이 하기'로 일이나 생각을 한 덩어리로 생각해보는 것이다. 예를 들면 샤워 후 욕실 청소하기, 목욕 후 욕조 청소하기, 양치 후 수전과 유리 닦기 등, 작은 일을 쪼개서 함께 세트로 하는 행동이다. 이렇게 작은 단위의 일을 세트로 하면 속도가 붙고 습관화가 되어 자동으로 그다음 일을 함께하게 된다. 평소에 이렇게 욕실을 정리하다 보면 대청소를 하지 않더라도 물때나 더러움이 심해지지 않아서 크게 에너지를 쏟지 않고도 빠르게 마무리할 수 있다. 만약 욕실 정리를 미루면 위생에도 영향을 주고 점점 더 정리하기 어려워지기 때문에 평소에 일을 쪼개고 묶어서 행동하는 것이 효과적이다. 욕실 관리를 위한 쉬운 정리 꿀팁 몇 가지를 소개한다.

1) 굴러다니는 치약 집 만들어주기

치약은 매일 쓰는 도구지만 관리가 안 되는 물건이기도 하다. 아무래도 튜브형이 많다 보니 세워놓기도 쉽지 않고 치약을 짜기 위해 여기저기 눌러놓으면 그 모양도 좋지 않다. 좋은 방법은 치약을 쓰고 비는 대로 접어서 마지막 부분을 집게로 잡아주고, 욕실 서랍장 안쪽 칫솔 옆에 걸어놓는 것이다(사진 참고). 이렇게 하면 치약이 줄어들어도 뒤의 튜브가 접혀있어 힘들이지 않고 치약을 알뜰하게 쓸 수 있고 걸어놓기도 쉬워서 아이들도 치약 사용 후 제자리 두기를 실천할 수 있다.

2) 양치 컵은 물이 고이지 않도록 하기

주방에 있는 컵은 한 번만 마셔도 씻거나 헹구기 마련인데 양치 컵은 관리가 잘 안 되는 경우가 많다. 컵 안쪽에 물때가 주황색으로 끼지 않도록 컵을 건조하는 것이 중요한데 일반적으로 컵을 세워놓는 방식은 물이 바닥에 남아 있게 되므로 컵을 벽면에 붙이거나 뒤집어 세워서 관리하면 좋다.

치약 자리 잡기 팁

벽에 거는 양치 컵

3) 세면용품은 하나씩만 꺼내놓기

세면용품뿐 아니라 욕실 바닥에는 물건을 두지 않는 것이 좋다. 위생과 공간활용 측면에서도 비효율적인 데다가 습기에 변질될 우려가 있어서이다. 남는 재고는 다른 곳에 두고 꼭 필요한 것만 꺼내놓자. 막상 안에 넣어놓으면 불편할 것 같지만 정작 쓰는 것들은 한정되어 있음을 알 수 있다.

4) 여성용품은 욕실에 두지 않기

여성용품도 습기에 약한 품목 중 하나이다. 당장 써야 할 것만 두고 나머지는 습기가 차지 않는 바깥 공간에 놔두는 게 좋다. 보관할 때는 지퍼백이나 뚜껑 있는 함을 이용하여 습기에 영향을 받지 않도록 해야 한다.

5) 수건의 유효기간은 3~4년 이내

수건의 표면이 까칠까칠해지거나 빨아도 냄새가 난다면 수건을 교체할 시기가 왔다는 알람이다. 세탁을 자주 한다 해도 물기를 머금고 세균이 살 수 있기 때문에 수건 하나를 오래 쓰는 것도 좋지 않다. 쓸만한 소량의 수건을 잘 관리해서 일정 기간 쓰다가 낡아지면 잘라서 창틀 닦기용으로 쓰고 버리는 게 좋다. 설레지 않는 문구들이 쓰여 있는 수건도 처분 대상 중의 하나이다.

소중한 공간 욕실은 정리하는 일이 만만치 않지만 일단 해놓으면 들어갈 때마다 기분이 좋아지는 곳이다. 실제로 정리 수강생의 남편들이 눈에 띄는 화장실 변화를 보고 좋아했다는 말을 많이 한다. 미루면 할 일이 많아지는 곳이지만 조금씩 자주 짝꿍 정리법으로 두 가지를 동시에 정리해보자. 정리시간과 에너지를 줄여주는 번뜩이는 아이디어들이 더욱 많이 샘솟을지도 모른다.

6. 똑똑하게 정리 도구 고르기

정리하려고 짐 늘리기?

정리를 시작하려면 수납용품이 필요할 것 같다며 사전 정리 없이 수납용품점으로 향하는 사람들이 있다. 정리하려고 마음먹은 사람들이 의외로 많이 하는 실수 중 하나가 무턱대고 수납용품을 먼저 구매하는 일이다. 정리되지 않는 이유가 마치 도구들이 제대로 없어서인 것처럼 기존에 있는 짐을 정리하지 않고 도구부터 검색한다. 이때 잘못 구매한 수납용품은 또 다른 짐과 정리대상이 되어버린다. 그래서 신중해야 한다.

2장에서 얘기한 '정리의 마법 4단계'가 기억나는가? 다시 떠올려보자면 정리를 위해 해야 할 첫 번째 일이 바로 꺼내기이다. 두 번째는 꺼낸 것들을 자세하게 들여다보고 다시 쓸 것인지 비울 것인지를 판단해야 한다. 물건을 꺼내서 들여다보고 분류해보면 공간이 생각보다 여유 있음을 알게 된다. 이렇게 1, 2단계를 거치고 효과적인 정리를 위해 수납 도구가 필요하다면 그때 구매하면 된다. 이 단계를 거치지 않고 도구부터 구매하면 정리하지 않은 물건들을 채우기 위해 많은 양의 수납 도구가 필요해진다. 수납 도구를 사기 전에 반드시 할 일은 해당하는 곳의 사이즈를 측정하는 것이다. 바구니 형태의 것은 여유 폭이 좌우 2~3cm 이상, 높이도 10cm 정도 되어야 넣고 빼는 것이 수월하다.

최근에는 가성비 좋은 정리도구들이 많이 나와서 마음만 먹으면 쉽고 다양하게 고를 수 있다. 그렇기에 더욱 신중하게 필요한 것만 구매해야 한다. 정리할 때 많이 쓰는 바구니도 사이즈, 색상, 크기, 모양, 재질에 따라 천차만별이다. 그래서 만져보고 비교하며 두어 개 먼저 사용해 본 후 필요한 만큼 추가 구매하는 것을 추천한다.

일반적으로 많이 쓰는 제품 이외에 새로운 정리 도구를 추가하고 싶다면 해당 제품을 어떻게 활용하고 있는지 타인의 사례를 보고 아이디어를 얻는 것이 좋다. 정리에 관심을 가지다 보면 새로운 제품들이 눈에 띄기 마련이다. 정리한다는 이유로 수납도구를 짐으로 늘리는 오류는 범하지 말기 바란다.

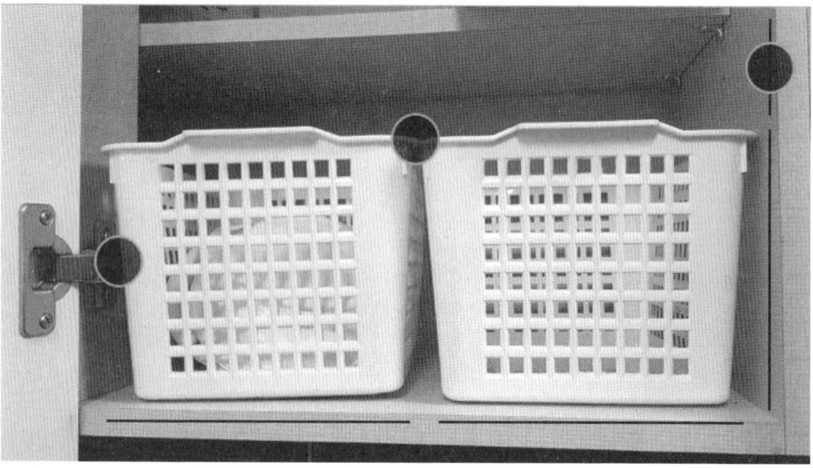

통일성, 여유분, 겹치는 부분 고려하여 수납 도구 고르기

1) PVC 옷걸이

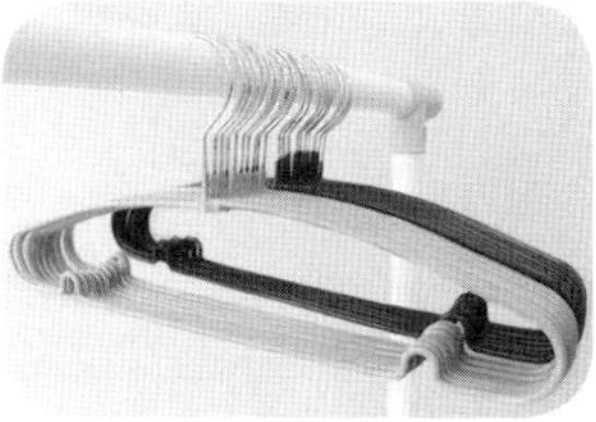

옷 정리를 깔끔하게 마무리해주는 도구는 통일된 옷걸이이다. 세탁소에서 주는 옷걸이, 어깨 뽕이 엄청나서 큰 부피를 차지하는 두꺼운 옷걸이, 조금만 무거우면 부러지는 플라스틱 옷걸이 등 많은 옷걸이를 써봤지만 몇 년 전부터 사용한 PVC 옷걸이가 사용성이 좋았다. 일단 단단하고 얇고 색깔도 다양하며 가격도 저렴한 편이다. 시중에 다양한 옷 정리 도구들이 나와 있지만, 그중에서 투자할만한 도구 하나를 고르라면 단연코 PVC 옷걸이를 추천한다. 입는 옷을 잘 분류한 후 옷걸이의 종류와 거는 방향만 맞춰주어도 옷장이 한결 깔끔해진다.

2) 흰 바구니

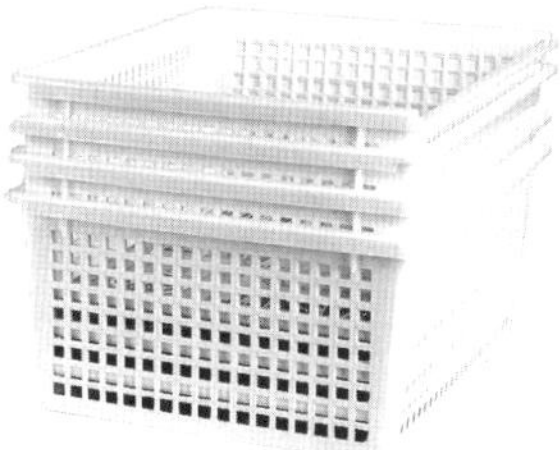

정리의 세계에 입문하면 많이들 사용하는 첫 번째 도구가 바로 수납 바구니이다. 같은 공간도 바구니에 담아서 가지런히 놓으면 정리된 것처럼 보인다. 그런데 앞서 언급한 대로 바구니의 종류가 다양하기 때문에 공간과 분위기에 맞게 신중하게 고르는 것이 중요하다. 수납을 도와주는 똘똘한 도구지만 무턱대고 사지 말아야 한다.

3) 파일함

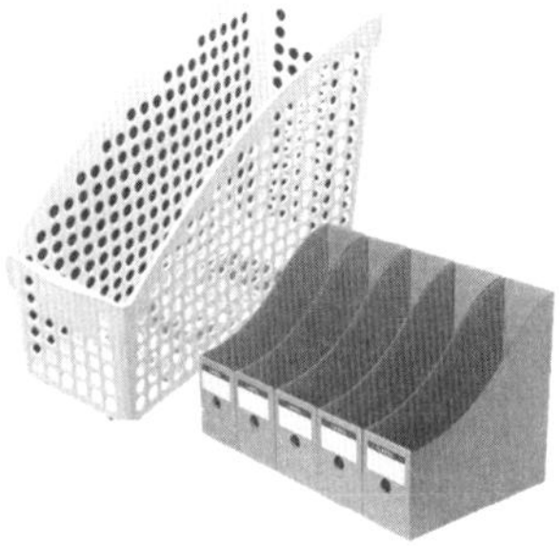

기본적으로 서류를 담는 파일함은 종이, 플라스틱 등 다양한 소재들이 있다. 공간과 목적에 따라 사용법이 다르지만 다양한 방법으로 정리에 요긴하게 사용된다. 각종 자료 및 파일을 분류별로 보관할 수 있음은 물론 알록달록한 책들을 담고 방향을 반대로 꽂으면 깔끔하게 책장을 정리할 수도 있다. 플라스틱 파일함은 주방에서 프라이팬이나 쟁반을 꽂아서 쓰면 편리하다. 정리란 보기 좋게 만드는 심미적인 이유도 있지만, 물건을 빠르고 편리하게 꺼내 쓰기 위한 수단임을 생각하면 분류를 도와주는 파일함은 훌륭한 정리 도구이다.

4) 꼭꼬핀

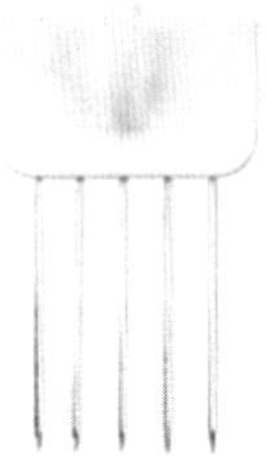

벽에 무언가를 걸고 싶을 때 벽지 사이에 바늘을 포함한 고리를 꽂아 쓰는 작지만 강력한 도구이다. 못을 박지 않고도 작은 소품을 걸 수 있어서 아이의 작품과 액자, 시계를 걸 때도 쓰인다. 특히 세계지도나 한글, 영어 등 다양한 종이 포스터도 양쪽에 집게를 잡고 꼭꼬핀에 걸어주면 벽지에 손상이 가지 않게 걸 수 있는 꿀아이템이다.

5) 재활용품 3가지: 페트병, 컵홀더, 두꺼운 종이

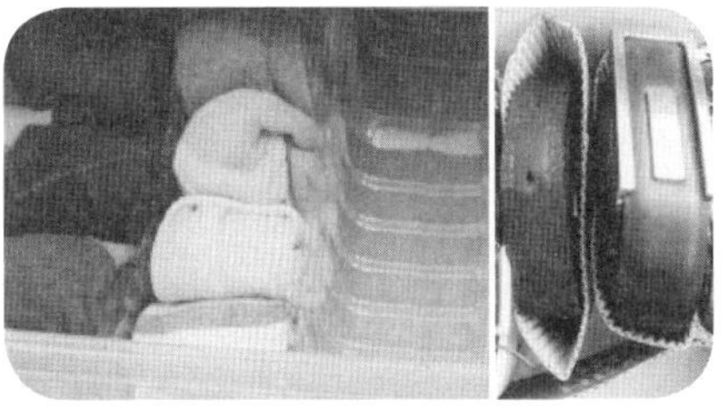

나는 플라스틱이나 1회용품을 수납 도구로 많이 활용하지 않는 편인데 그 이유는 예쁘지 않고 반복해서 쓰기 어렵기 때문이다. 어설프게 재활용품으로 정리하겠다고 모으기 시작하면 그것도 금세 한 짐이 되고 만다. 그래도 쓸만한 것들이 몇 가지 있는데 그중 3가지를 소개한다. 첫 번째는 페트병이다. 단순하게는 반으로 잘라 필통으로, 냉장고에서는 채소 분류 칸으로 쓰고 가로 자르기를 하면 일정한 폭의 서랍 분류함이 되기도 한다. 나는 서랍 안에 넣고 양말 분리함으로 사용하고 있다. 두 번째, 컵홀더는 비어있는 구멍을 활용해 넥타이나 벨트, 스카프 같은 것들을 흐트러지지 않게 보관하는 데 사용한다. 가볍고 부피도 차지 않아서 좋다. 마지막으로 두꺼운 종이는 옷을 살 때 함께 오는 두꺼운 속지를 활용하면 좋다. 옷 세탁 후 두꺼운 종이를 위에 올리고 접으면 비슷한 넓이로 옷을 갤 수 있다. 눈대중으로 대충 맞추어 접는 것보다 일정한 크기로 접히기 때문에 깔끔하고 옷의 부피도 줄어든다.

공간정리를 도와주는 수납 도구들은 가성비 좋고 디자인도 개선된 형태로 계속 시장에 나올 것이다. 감사한 일이지만 그렇다고 정리를 이유로 수납장이나 도구들을 들이기 시작하면 짐이 줄지 않고 늘어나게 된다. 정리를 제대로 하려면 많은 물건을 잘 보관하는 방법보다 적은 양을 효과적으로 사용할 방법을 고민해야 한다. 수납공간과 도구를 탓하기 전에 우리 집 공간 활용 상태와 도구부터 먼저 살펴보자.

4장

가족과 함께하는 정리의 즐거움

1. 정리, 혼자 하지 마세요

여자, 엄마만이 아닌 모두의 숙제

요즘 남편들도 육아와 집안일에 많이 참여하는 추세이다. 반가운 현상이고 어차피 해야 할 일이라면 효과적이고 즐겁게 할 수 있는 지혜를 모으는 것이 필요하다. 그래도 총감독과 행동대장을 모두 해야 하는 여자, 엄마의 역할이 무겁다. 전체 그림과 세부적인 정리 항목을 고민하고 시시때때로 움직여야 한다. 그렇지 않으면 집이 금방 어수선해지기 때문이다. 앞서 온라인 설문에서 '여자들에게 정리가 어려운 이유' 중 가장 먼저 꼽혔던 것이 혼자 해야 하는 부담감과 많은 에너지가 필요하기 때문이었다.

나 또한 정리를 좋아하고 깔끔함을 선호하는 사람이기에 내 뜻대로 유지되지 않는 것들에 스트레스를 받고 슬럼프를 겪기도 했다. 기대치가 있다 보니 '어지르면 안 되지. 알면서도 이렇게 둔단 말이야?' 하며 가족에게 적지 않은 잔소리를 하기도 했다. 그런데 가만히 생각해보니 다른 사람의 기질이나 만족도를 고려하지 않고 내 눈높이에 맞춰달라는 것은 욕심이었다. 종종 남편이나 자녀 등 다른 가족구성원이 꽤 깔끔하고 정리를 잘해서 쫓아가기 힘들어하는 경우도 있다. 수업에 참여한 사람 중에 그러한 이유로 배우러 온 이들도 어렵지 않게 찾아볼 수 있었다.

정리하면 쾌적해진다는 것은 다들 공감하는 부분이지만 여러 가지 이유로 실천하지 못하고 해결하지 못해 스트레스를 받는 가정이 적지 않다. 가족과 함께하는 '우리 집 정리'를 위해서는 구성원의 성향과 공간 등 다양한 요소를 고려해야 해야 한다. 그 과정에서 중요한 것은 엄마(혹은 아빠가 될 수도) 혼자 다 하려고 하지 않아야 한다는 것이다. 에너지와 시간의 한계가 있기에 혼자 다 하려면 벅차고 꾸준히 하기도 힘들다. 특히 아이들이 있으면 정리를 열심히 해놓아도 그대로 유지되기 쉽지 않아서 체계 없이 대충대충 집어넣기 바쁘다. 혹시 남편도 어지르는데 한몫한다면 엄마 혼자 끙끙거리다 블랙홀 상태로 포기하기 쉽다. 정리를 혼자 해야 한다고 생각하지 말자. 아이 방 정리 편에서도 다루겠지만 아이가 서툴거나 바쁘다는 이유로 엄마가 정리를 도맡아 해주면 정리는 모두 엄마의 몫으로 인식하게 된다. 시간이 좀 걸리고 습관화되는 과정이 쉽지 않더라도 '우리 집 정리'가 가족 모두의 역할이자 보람이 될 수 있도록 작은 것이라도 역할을 나누어야 한다.

정리도 전염된다

정리가 잘되어 있는 사진이나 영상만 봐도 머릿속이 맑아진다. 하물며 우리 집 정리가 잘 되어 있는 것을 싫어하는 가족이 있을까? 시간이 걸리고 때로는 스트레스가 되기도 하겠지만 변화를 위한 노력이 아깝지 않을 만큼 정리는 시간과 에너지를 투자할 가치가 있다. 당신의 정리 목적은 무엇인가? 사람마다 다를 수 있겠지만 아무래도 내 주위 환경을 좀 더 쾌적하고 편안하게 유지하고 싶은 이유가 제일 크지 않을까 싶다.

배우자, 그리고 아이들과 함께 정리하고 싶다면 정리를 함께할 수 있는 틀을 먼저 만드는 것이 필요하다. 이 책에서도 공간 구획 별로 정리하는 방법이 자세히 나와 있으니 참고해서 각자 집에 맞는 정리규칙을 세워보자. 물론 처음으로 물건의 자리를 잡기 위해 다양한 시행착오도 겪고 에너지가 쓰이겠지만, 그 과정에서 많은 것을 배울 수 있다. 이왕이면 정리 후 변화를 기대하며 즐겁게 하면 더 좋다. 그 과정을 옆에서 지켜보는 가족들도 분명히 깨닫는 것이 있을 것이다. 다만 정리를 이유로 다른 사람들이 적응하기 전부터 엄격한 규칙을 적용하면 오히려 반발이 생길 수도 있으니 조금 더디더라도 지혜롭게 실천해야 한다.

정리도 전염된다. 사람에게도 공간에도. 정리가 안 되는 집은 물건마다 제자리가 정해져 있지 않아 악순환이 반복된다. 어질러진 공간에 물건이 다시 쌓이는 것은 순식간이다. 하지만 정리가 잘 된 공간에는 물건을 함부로 두지 않게 된다. 무심코 쌓고 던져 놓으려다가도 멈칫하게 하는 것이 정리된 공간이 주는 힘이다. 또한 정리된 상태를 기분 좋게 경험하면 다시 이전의 어질러진 상태로 돌아가는 것이 신경 쓰여서 조심하게 된다.

수강생 중 한 명은 남편이 정리를 잘하는 사람인데 본인과 결혼 후 덩달아 정리와 멀어지게 되었다며 미안하다고 고백하기도 했다. 처음 마음먹고 시작하는 것이 어려울 수 있어도 하나둘씩 공간이 정리되면 가족들도 협조하고 따라 하며 긍정적 전염 효과가 있을 것이다. 당연한 듯 여기저기 흩어져있던 물건들의 자리를 잡아주고 적당한 규칙들을 가족과 함께 실천하면 괜찮은 변화들이 선물처럼 나타나게 마련이다.

마법의 정리 액션!

깨끗한 우리 집을 위한 정리규칙 3가지

1. 물건 사용 후에는 제자리에 돌려놓는다.
2. 내가 할 수 있는 정리를 다른 가족에게 미루지 않는다.
3. 일어나서 5분, 잠자기 전 5분, 내 주변을 정리한다.

2. 집 만들기, 모두 제자리

물건에 '집'이 필요한 이유

집은 사람에게 어떤 의미인가?

아침이면 집을 나와 각자 위치에서 열심히 살다가 다시 돌아와 휴식과 충전을 할 수 있는 소중한 공간이다. 돌아갈 곳이 있다는 것만으로도 우리 삶에 주는 가치가 크다. 물건도 마찬가지이다. 쓰임새가 있는 곳에서 그 역할을 다하다가 다시 원래 있던 자리로 돌아오는 구조를 만들어야 한다.

잡동사니의 뜻이 뭐라고 생각하는가? 다양한 의미가 있겠지만 나는 잡동사니를 '집이 없는 물건'이라 말한다. 목적에 따라 활용도 있게 만들어져 있는 것들인데 그 목적과 용도별로 분류되어 있지 않고 뒤섞여 있는 경우, 정리되지 않은 잡동사니가 되어버리고 마는 것이다. 그 대표적인 예가 손톱깎이다. 없으면 불편하고 자주 쓰는 물건임에도 잡동사니로 분류되는 경우가 많다. 실제 컨설팅을 했던 어느 집은 아이를 포함해 세 가족이 살았는데 서랍 안을 제대로 정리하지 않아 이 물건 저 물건이 뒤섞여 있었다. 한 서랍에는 아이 도장, 아빠 면도기, 충전기, 손톱깎이 두어 개, 동전, 엄마 헤어핀 등 사용자가 누구인지 그 공간의 목적이 무엇인지 알 수 없는 것들이 담겨 있었다. 정리를 마무리할 때 여기저기서 나온 손톱깎이를 모아 한 바구니에 담았더니 9개가량이었다. 써야 할 때 안 보여 장을 볼 때 한두 개씩 모은 것이 그렇게 많을 줄 몰랐다며 놀라는 모습이었다.

어릴 적 부모님과 함께 살 때 있었던 일이다. 한 번은 눈앞에 물건이 있으면 바로바로 치우시는 깔끔한 아버지가(지저분한 것을 못 보는 내 성격은 아버지께 물려받았다.) 엄마의 여행용 작은 가방을 어딘가에 잘 두었다. 하지만 어느 날 여행 준비를 하던 엄마가 그 가방을 찾을을 때는 어디 있는지 좀처럼 찾을 수 없었다. 물건이 바닥에 돌아다니지는 않았지만 제대로 된 정리가 아니었기 때문이다. 여행 가방이니 여행용품을 모아둔 근처에 연관 수납을 했다면 쉽게 찾을 수 있었을 것이다. 며칠을 뒤져도 나오지 않는 가방의 행방 찾기를 포기하고 결국 비슷한 다른 가방을 사서 여행을 떠나셨던 기억이 난다. 그로부터 2~3주 뒤 찾던 가방이 생각지도 못했던 틈새에서 발견되기는 했지만 이미 필요할 때 찾지 못한 물건은 없는 물건이나 다름없다. 이처럼 물건의 집을 제대로 만들어놓지 않으면 여러 가지 낭비되는 요소들이 생긴다.

물건의 집을 만들어주지 않으면 생기는 낭비 3가지

1) 시간 낭비: 필요할 때 어디 있는지 찾아 헤매느라 시간을 허비하게 된다.
2) 돈 낭비: 재고관리가 되지 않으면 이미 있는 물건을 다시 구매하는 불필요한 지출이 발생한다.
3) 에너지 낭비: 공동생활을 하는 가족들이 물건을 잘 찾지 못하고 어디에다 두어야 할지 늘 고민해야 한다.

집을 만들어주는 방법

효과적으로 물건의 집을 만들어주는 방법을 살펴보자. 정리할 때 중요한 기준은 쉽고 빠른 방법으로 위치를 파악하고 필요할 때 바로 쓸 수 있는가이다. 그다음 사용하기 편한 수납 도구와 통일성을 고려하여 '물건의 집을 만드는 정리'를 하면 된다.

물건의 집 효과적으로 만들기

1) 끼리끼리 모아서: 비슷한 물품끼리 근처에 배치.

예시 – 일회용품은 일회용품끼리 모아서(컵, 나무젓가락, 빨대, 스푼 등), 컵은 컵끼리 모아서(컵, 텀블러, 보온병 등) 수납한다.

2) 동선을 줄여서: 움직이는 반경을 줄이고 여기저기 열어보지 않도록 하기.

예시 1 – 정수기나 물 끓이는 포트, 커피머신 등이 있는 곳 근처에 컵과 커피, 티백 등을 모은 바구니를 함께 배치하면 한 자리에서 음료를 준비할 수 있다.

예시 2 – 여행용품은 여행용 가방이 있는 곳 근처에 모아 한 번에 담을 수 있도록 하면 좋다. 세면도구나, 화장품 파우치, 카메라 용품도 근처에 수납하면 여기저기 돌아다니지 않고 짧은 시간 안에 가방을 꾸릴 수 있어 놓치는 물건이 줄어든다.

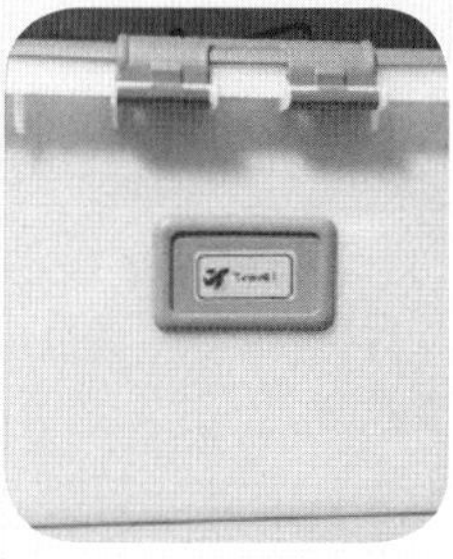

목적에 따라
집 만들어 주기

3) 원터치로 한 번에 : 뒤지지 않아도 쉽게 꺼낼 수 있게 하기.

예시 1 – 프라이팬이 여러 개 있을 경우 서로 포개놓는 것이 아니라 파일 폴더나 수납 도구를 이용해서 각각 집을 만들어주면 들고 내리고 하는 수고 없이 한 번에 꺼낼 수 있다.

예시 2 – 옷을 넣을 때도 포개는 수납이 아니라 세우는 세로 수납을 하면 원하는 옷을 깔끔하게 꺼낼 수 있다.

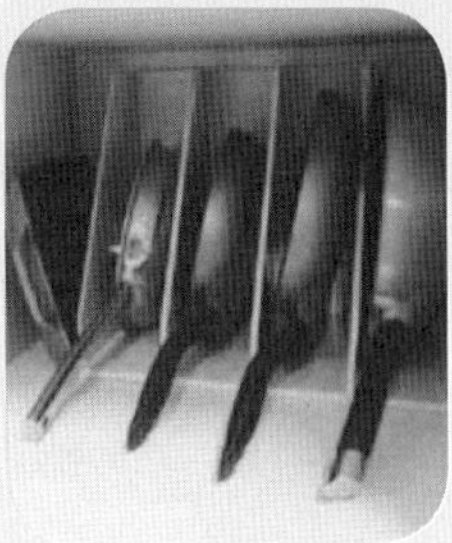

세로 수납 통해서
한눈에 보이게 하기

정리를 할 때 공간이 있는 곳에 물건을 대충 넣어두면 행방을 찾기 어려운 경우가 종종 생긴다. 수고가 들고 약간의 시간이 걸리더라도 물건의 집을 제대로 만들어 두면 찾기도 유지하기도 수월해진다. 정리는 노력과 반복으로 이루어지는 긍정적 행동 습관이다. 해본 사람만이 느낄 수 있는 특별한 가치와 기쁨. 가족과 함께 누려보자.

3. 지속적인 정리를 도와주는 링, 밍, 핑

정리를 하는 데도 유지가 안 된다면?

큰맘 먹고 집을 치워도 오래가지 못하고 다시 어질러지는 경우가 흔하다. 정리 한번 하는 일이 쉽지 않음에도 꾸준히 유지되지 않는 것을 볼 때면 정리하고자 하는 의욕이 사라지곤 한다. 그나마 가족들이 도와주면 속도라도 붙을 텐데 그렇지 않다면 먼저 몇 가지를 점검해 봐야 한다.

집 정리 후 유지가 안 될 때 던져보는 질문

Q1. 정리는 스스로 해야 하는 일이라고 가족들이 생각하는가?
Q2. 물건을 어딘가에 잘 보관해 놓고 못 찾는 일이 종종 있는가?
Q3. 정리한 사람만 알고 다른 사람은 물건을 못 찾아서 도와줘야 하는 일이 빈번한가?
Q4. 정리는 자녀들이 하기에 어려운 일이라고 생각하는가?
Q5. 정리된 상태를 유지하고 싶은데 무엇이 문제인지 잘 모르겠는가?

질문에 답해보았는가? 하나씩 점검해보도록 하자.

A1. 본인들의 물건은 스스로 정리할 수 있도록 환경을 만들어주어야 한다.

정리를 잘하든 못하든, 좋아하든 그렇지 않든 내가 관리하는 물건과 공간은 스스로 책임질 수 있도록 해야 한다. 그렇지 않고 누군가 대신해주는 정리가 당연하다고 생각하면 개선의 노력을 하지 않는다. 책임이 없으니 그만큼 물건, 공간에 대한 애착도 감소한다. 그래서 집을 정리하는 주요 관리자인 엄마 혹은 아내가 효율적인 정리법을 알려주고 함께 개선해 나가는 노력이 꼭 필요하다. 물건과 공간정리는 주인 스스로 해야 한다는 것이 핵심이다.

A2. 물건과 공간을 효과적으로 관리해야 한다.

내가 지금 필요로 하는 물건을 얼마나 빨리 찾을 수 있는가? 정리를 잘하는 사람은 효과적으로 공간과 물건을 활용한다. 필요할 때 꺼내 쓰고 주어진 공간을 여유 있게 유지한다. 반대로 정리가 힘든 사람은 물건을 제대로 보관하지 않거나 수납이 되어 있어도 남는 공간에 규칙 없이 넣어놓는 경우가 많다. 이렇게 되면 정작 필요로 할 때 물건을 꺼내 쓸 수 없다. 한 번에 끝나지 않더라도 시간과 공간을 효과적으로 쓸 방법을 고민하며 정리해야 한다. 그 방법과 쉬운 팁은 계속 덧붙이겠다.

Q 3~5번에 대한 팁은 한꺼번에 제공한다. 바로 '링, 밍, 핑' 활용이다.

1) 링: 라벨링(Labelling)

물건을 정리한 사람만 위치를 알고 다른 사람들은 찾지 못해서 다시 물어야 하는 경우가 있다. 이때는 '라벨링'을 하면 된다. 물건이 담겨 있는 곳 또는 물건에 이름을 붙이면, 찾고 보관하는 수고를 줄일 수 있다. 라벨링이 꼭 필요한 공간은 첫 번째 냉장고, 두 번째 아이 방, 세 번째 공용서랍이다. 이 책에서 해당 공간을 설명하며 추가내용을 덧붙이겠지만 특히 이 세 공간은 공용으로 빈번하게 사용하는 곳이기에 간단한 수고만으로 불필요한 낭비를 줄일 수 있다. 예를 들어 냉장고는 관리하기 쉽지 않은 공간으로 꼽히는데 특히 냉동고에 있는 식품을 언제까지 먹어야 하는지 심지어 무엇인지 구별할 수 없게 넣어놓으면 결국 꺼내지 않고 자리만 차지하게 된다. 이름과 유통기한을 '라벨링' 하여 정확하게 표기해주면 보다 편하게 정리할 수 있다.

물건의 집을 알려주는 라벨링

추가로 더욱 효과적으로 라벨링을 하는 팁이다.

① 같은 공간에 붙이는 스티커의 모양을 통일해보자. 더욱더 깔끔해진다.

② 글씨와 함께 대표적인 물건의 그림을 간단하게 그리거나 또는 사진을 붙여주면 글씨를 잘 모르는 아이들도 쉽게 찾을 수 있다. 보기에도 예쁘다.

③ 스티커를 붙이는 위치는 사용자의 눈높이를 고려한다. 물건의 정중앙이 괜찮을 때도 있지만 확인하는 사용자 눈높이에 맞게 붙여야 한다. 만약 손보다 높은 선반 위에 있는 물건에 라벨링을 할 때는 아래서 바라보았을 때 보이는 위치에 붙여주면 된다.

④ 붙이는 곳의 표면 상태와 공간을 고려하여 라벨지를 달리 사용해보자. 냉장고나 식품류는 방수 재질을 사용하고 자주 바꿔야 하는 곳은 잘 지워지거나 쉽게 뗄 수 있는 소재를 활용한다.

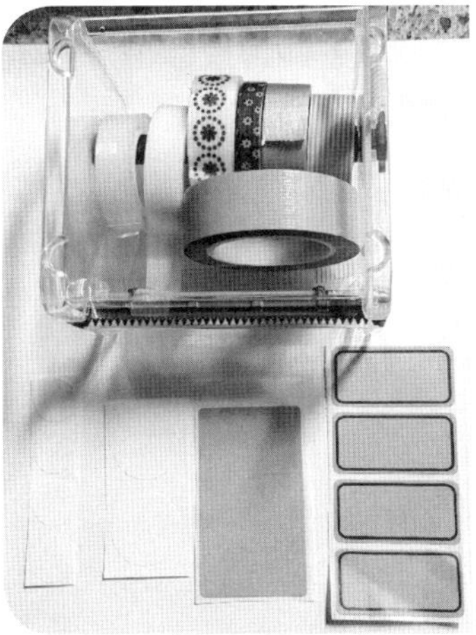

▲ 다양한 타이밍 관리 도구들

◀ 스티커 종류
- 크래프트지, 방수라벨, 매직테이프, 원형스티커 등

2) 밍: 타이밍(Timing)

정리가 귀찮다고 미루다 보면 일이 커진다. 가끔 힘쓰는 정리가 필요하지만 매일 시간을 10분씩만 내도 한꺼번에 많은 에너지를 쓰지 않아도 된다. 청소하다가 휴대전화 보고, 옷 정리하다가 추억의 패션쇼를 하면 정리하는 데 많은 시간이 걸린다. 타이머를 맞추고 집중해서 정리하면 생각보다 빠르게 마무리할 수 있다. 가족과 함께 우리 집 '10분 정리 타임'을 실천해보자. 꾸준히 하다 보면 결과적으로 정리에 쓰이는 시간을 많이 줄일 수 있다.

3) 핑: 브리핑(Briefing)

혼자 정리한 공간이 모두 함께 쓰는 공용공간이라면 정리 후 해당 공간에 물건이 어떻게 정리되었는지 다른 구성원에게도 공유(브리핑)해주는 게 좋다. 정리방식과 규칙, 잘 보이지 않는 물건들을 꼼꼼히 함께 살펴볼 수 있고 노고에 대한 칭찬도 보너스로 받을 수 있다. 공유가 어렵다면 정리 후 깔끔해진 상황을 사진으로 찍어놓는다. 눈으로 보는 것보다 더욱 객관적으로 정리상태를 확인해 볼 수 있고 잘 정리된 상태로 다시 원복시킬 때 참고할 수 있다. 라벨링을 살펴보며 함께 알려주면 물건의 위치를 다시 묻는 빈도도 줄일 수 있다. 정리한 사람 스스로 정리방법을 점검해보고 생색도 낼 수 있어 일거양득이다.

4. 정리를 게임처럼

정리를 즐기면서 할 수 없을까?

당연히 할 수 있다. 정리하면 쾌적하고 기분 좋다는 것을 알지만 여러 가지 이유로 안 할 뿐이다. 어차피 해야 할 일이라면 귀찮고 하기 싫은 일이 아니라 즐기면서 하면 좋다. 사람마다 정리 기대치가 다르기에 만족할만한 기준을 정할 수는 없지만, 정리 전보다 개선된 상태라면 일단 성공이다. 게임처럼 즐기면서 할 수 있는 생활 속 정리팁 몇 가지를 소개한다.

1) 조금은 긴장되는 지인 초대하기

시험 전, 몰아서 했던 벼락치기 공부 기억나는가? 미리 공부해 놓으면 좋다는 것을 알면서도 일정이 코앞에 닥쳐서야 긴장감을 가지고 초집중력을 발휘하고는 한다. 이 '마감 효과'를 이용해 정리하는 것도 좋은 방법이다. 아끼는 지인을 집에 초대해보자. 자연스럽게 혹은 억지로라도 집을 치우고 정리하게 된다. 또한 방문하는 시간이 정해져 있으니 '지인 방문'까지 제한된 시간 내에 엄청난 가속도가 붙게 된다. 평소 바닥에 돌아다니던 일명 '잡동사니'들도, 어지럽게 돌아다니던 책과 옷가지들도 일단 치워진다. 가끔은 임기응변으로 치울 때도 집이 말끔해지는 효과가 일시적으로 나타난다.

그런데 평소에 정리 연습이 잘 되어 있는 집과 그렇지 않은 집은 치울 때 속도도 정리상태가 유지되는 시간도 차이가 난다. 평소에 정리를 꾸준히 해왔다면 밖으로 나와 있는 물건도 원래 있던 제자리로 가져다 놓으면 끝이다. 어질러져 있어도 다시 제자리로 돌리는 시간이 현저하게 줄어든다. 그러나 물건이 놓인 위치, 즉 '물건의 제자리'가 제대로 정해져 있지 않다면 급한 대로 어딘가에 짐을 몰아놓는다. 이렇게 정리하면 '일시적 정리' 상태가 오래가지 않지만, 그럼에도 '정리 벼락치기'는 집안을 긴장하며 환기할 좋은 기회이다. 완벽하지 않더라도 반복하다 보면 정리의 문제점도 파악할 수 있고 깨끗하게 치워 봤다는 성공 경험도 생긴다. 이를 바탕으로 제대로 된 정리에 도전하는 계기가 된다.

하루는 아이들 수업 참관을 하다가 옆의 다른 아이 아빠 얘기를 듣고 한바탕 웃었다.

"우리 집은 학습지 선생님 덕분에 정리해요. 어느 날 화장실에서 순간적으로 비명을 지르던 선생님께 죄송해서 그 뒤로는 오시는 날 아침부터 온 가족이 함께 청소와 정리를 해요. 처음에는 귀찮고 불편했지만 그렇게 일주일에 한두 번씩 의도치 않게 긴장하며 정리하다 보니 점차 선생님 맞이 준비시간이 줄어듭니다. 기분도 좋아지고 아이들도 이제는 해야 할 일이라고 생각하니 시키지 않아도 스스로 합니다. 덕분에 공부 말고도 의미 있는 것을 얻었습니다. 긴장하며 기분 좋게 정리할 기회를 준 학습지 선생님이 감사하지요."

2) 가족과 함께 정리 게임 하기

엄마들이 집안 정리에 스트레스를 받는 큰 이유 중 하나는 혼자 해결해야 할 분량이 많기 때문이다. 만약 혼자 산다 해도 집을 정리하기가 쉽지 않은데 여러 명의 가족과 함께 살면서 집안을 깔끔하게 유지한다는 것이 만만한 일은 아니다. 그래서 가족 모두 책임을 지고 함께 해야 한다. 좀 더디고 시간이 걸리더라도 가족구성원 각자에게 임무를 주는 것이 좋다. 아빠의 일과 아이들 공부가 바쁘다는 핑계로 모든 정리를 대신하다 보면 엄마가 정리해 주는 것을 당연하게 받아들이기 때문이다. 딸도 흘려보고 시행착오도 겪으면서 보람을 느껴 볼 기회를 준다는 점에서도 좋은 일이다. 임무를 주지 않아서 그렇지, 아빠도 아이들도 생각보다 잘한다. 물론 예외도 있고 엄마의 성에 차지 않을 수도 있지만 조금씩 나아지고 있을 테니 믿고 기다려보자.

마법의 정리 액션!

가족과 함께 하는 정리 게임

① 양말 짝 누가 빨리 찾나

② 수건 김밥말기(호텔식 수건 접기)

③ 공동구역 정리담당뽑기 게임

④ 신나는 음악과 함께 모두 정리 시간

⑤ 정리구역 콘테스트(금주의 정리상)

3) 각자의 정리기준 존중하되 몇 가지 정리규칙은 같이 지키기

구성원이 함께 정리해야 하는 또 하나의 중요한 이유는 각자의 성향이 다르기 때문이다. 깨끗한 상태를 싫어하는 사람은 적겠지만 각자 정리기준이 다를 수 있다. 나 역시도 가족과 눈높이를 맞추는 것이 조금 힘들었다. 반복적으로 얘기했음에도 불구하고 변화되지 않는 것 같으면 서로 스트레스를 받았다. 하지만 정리가 변화를 위한 즐거운 과정임을 되새기다 보니 주객이 전도되면 안 되겠구나 반성했다. 나의 기준이 높다고 해서 가족에게도 모두 같은 기준을 강요할 수는 없다. 그러니 각자의 물건과 공간의 자율성을 존중해 주되 정리하지 않은 상태를 개성으로 핑계 대지 않도록 꼭 해야 할 것은 정리규칙을 만들어 구성원과 함께 실천하는 것이 필요하다.

4) 제한 시간 타이머

시간 정리에서 꼭 필요한 도구와 방법의 하나가 '타이머로 시간 체크하기'이다. 타이머를 통해 스스로 제한 시간을 정해 놓으면 집중력이 높아지는 '마감효과'를 볼 수 있다. 또한 정리하는 데 걸리는 '소요 시간'도 체크해볼 수 있다. 이후 같은 공간을 정리하는데 걸리는 시간을 사전에 계획할 수 있다. 가령 책상을 정리하는데 평균 7분 정도 필요하다면 작업 전후에 해당 시간을 고려해서 계획을 잡을 수 있는 것이다. 게다가 평소에 정리가 잘되어 있다면 이 시간도 단축할 수 있다. 정리를 잘한다는 것은 많은 시간을 정리에 투자하는 것이 아니라 단시간에 효과적으로 할 수 있는 구조를 만드는 것이다. 타이머를 활용해서 시간도 관리하고 정리의 효율도 높여보자.

5) 정리 전후 사진 기록, 공유하기

정리하기 전 사진과 정리 후 사진을 찍고 비교해보자. 눈으로 봤을 때는 안 보이던 것들이 더 상세하게 보인다. 정리 후 변화된 모습이 확연히 보이니 개선해야 할 점도 쉽게 파악할 수 있다. 정리 후 마음에 드는 공간은 다른 사람들에게 공유해보자. 인터넷에 사생활이 그대로 드러나는 사진을 올리는 것은 신중해야 하지만 지인이나 정리에 관심 있는 사람들에게 정리하는 과정을 '자랑'하다 보면 자신감도 얻게 되고 보람도 느끼게 된다. 또한 꾸준히 즐기면서 정리를 할 수 있는 동기부여도 된다. '정리 잘하는 사람'이라는 수식어를 얻게 되면 누가 보지 않아도 스스로 정리하게 된다. 일종의 '공개선언 효과'이다. 심리학자 스티븐 헤이스Steven C. Hayes에 따르면 실현하고자 하는 목표를 생각만 하는 것이 아니라 주변에 의지를 알리고 공개하면 달성할 수 있는 확률이 더 높아진다고 한다.

"자신의 의견이 공개될수록 그것을 변경하기는 점점 힘들어진다."
– 커트 모텐슨(Kurt W. Mortensen,설득전문가)

6) 물건 거래하기

정리할 때 어려운 일 중 하나가 바로 비우고 버리는 일이다. 물건이 고장 나거나 옷이 해진 것도 아닌데 사용하지 않는다는 이유로 과감히 빼는 일이 쉽지 않다. 이럴 땐 물건을 가치 있게 비울 수 있는 다양한 방법을 쓸 수 있는데 그중 하나가 '중고 판매'이다. 요즘은 오프라인 벼룩시장, 플리마켓뿐 아니라 온라인으로도 중고나라(네이버 카페) 당근(근거리 지역 거래), 번개장터 등 쉽게 물건을 판매하는 방법이 늘어나고 있다. 나도 몇 해 전부터 아이들과 함께 가족 플리마켓에 참가해서 물건을 팔고 있다. 쓸 만한 물건을 정리하는 일도, 적당한 가격을 매겨 팔아보는 일도 수고스럽지만 의미 있는 일이었다. 특히 아이들은 물건 값을 꽤 저렴하게 내놓아야 판매가 된다는 사실을 알고부터는 비싼 장난감을 사달라고 하는 횟수가 줄어들었다. 또한 온라인으로도 물건을 거래할 수 있는데 사진을 상세하게 찍고 가격을 적절하게 책정하면 어렵지 않게 필요한 구매자에게 판매할 수 있다.

7) 재활용 쓰레기 함께 정리하기

실제로 버려봐야 자신 집에서 나오는 쓰레기가 생각보다 많다는 것을 알게 된다. 택배박스에 담긴 물건을 보호하기 위한 포장지도 과다하다는 것을 알게 된다. 재활용품 분리수거가 왜 필요한지, 어떻게 분리해서 버려야 하는지, 환경보호 차원에서도 자연스럽게 얘기 나눠 볼 수 있다. 우리 아이들은 공병을 마트에서 유료로 교환하는 경험을 하고 나서 공병을 보면 알람을 준다. 심지어 음식점에서 식사 후 공병을 가져가겠다는 바람에 말리고 나온 적이 있을 정도다. 쓰레기 버리는 개운함을 느끼면 정리할 때 버리는 것도 수월해진다.

가족이 함께 경험하며 배운 정리는 자연스럽게 성장하는 습관이 되고 우리 집 환경이 된다.

5. 아이 방, 정리습관, 정리 독립

평생 가는 좋은 습관 '정리'

정리교육은 몇 살부터 하면 좋을까? 정답은 '어리면 어릴수록 좋다'이다. 좋은 습관은 세 살부터 여든까지 간다고 했다. 어린아이들이 정리를 할 수 있을까? 할 수 있다.

물론 어른들이 하는 것처럼 완벽할 수는 없지만, 뒤뚱뒤뚱 걷는 아기들도 기저귀, 휴지 가져다 버리기를 반복적으로 가르쳐 주면 할 수 있다. 굳이 시킬 필요가 있을까 싶지만, 이 또한 제대로 가르쳐 주지 않고 시키지 않아서 그렇지, 아이가 성취감을 느낄 수 있는 살아있는 교육이다. 물론 기질적인 성향이나 환경에 따라 차이가 있을 수 있겠지만 어릴 때부터 '내 것은 내가 정리한다'는 것을 배우고 실천하며 자란 아이들은 정리가 자연스럽게 삶에 반영된다.

아이를 키우는 부모가 되어보니 공부할 것이 참 많다. 수많은 책을 보고 교육을 받으면서 느낀 공통된 몇 가지 키워드가 있다. 그중 '좋은 습관'과 '인내'는 부모로서 가르쳐 주어야 할 중요한 핵심과제이다. 이 두 가지는 중요하지만 쉽지 않은 교육을 위해 '부모의 본보기' 그리고 '규칙적이고 꾸준함'을 필요로 한다.

정리교육도 위와 같은 솔선수범이 필요하니 만만치 않다. 아무리 결과가 보람되더라도 에너지와 시간이 드는 정리가 항상 즐거울 수는 없지 않은가. 하지만 부모가 꾸준히 정리를 하고 아이가 그 결과를 보고 자라면 정리는 가치 있고 즐거운 것이라고 여기게 된다. 서툴고 느리더라도 가르쳐주고 기다려주는 것은 부모의 중요한 역할이다. 물론 답답한 마음도 들겠지만, 부모가 맡아서 해버리면 '정리 독립'도 시킬 수 없다. 자녀 나이가 많으면 포기해야 하나 생각할 수도 있으나 그렇지 않다. 꾸준히 교육만 할 수 있다면 지금부터도 늦지 않다.

정리 잘하는 아이가 집중력도 좋다.

'책상 정리와 집중력의 인과관계'는 다양한 연구사례에 나와 있지만, 그 내용을 다 알지 않더라도 간단한 비교만으로도 파악할 수 있다. 다음 이미지를 예로 들어보겠다. 눈앞에 다음과 같은 두 가지 책상이 있다면 어떤 책상이 집중하기 좋을까? 본격적으로 공부에 몰입하는 '워밍업warming up' 시간은 어느 쪽 책상이 짧게 걸릴까? 다양한 사고를 정리하고 확장하는 '창의력'은 어떤 책상이 효과적으로 발현될까? 당연히 깔끔한 책상이 모든 면에서 유리할 것이다. 더 나아가 아무것도 없는 책상이 더욱더 효과적이다. 현재 공부나 일에 관련된 물건만 책상에 올라와 있는 구조가 이상적이다.

하지만 대부분 학생 책상 위에는 교과서, 참고서, 문제지에 각종 문구류까지 책상 공간의 많은 부분이 물건으로 채워져 있다. 책상 위와 주변에 있는 물건을 최소화해보자. 집중, 몰입, 창의력 속도가 분명 달라질 것이다. 책상 방향과 창문 방향, 벽지 색상 등이 학습에 도움이 된다는 정보도 많다. 그런데 그보다 먼저 살펴볼 것은 학습자가 집중할 수 있도록 정리된 책상인지 여부이다. 책상 정리가 습관화되어 있으면 주변 정리도 잘할 수밖에 없다.

지저분한 책상 vs 깔끔한 책상

책상을 목적에 맞게 공부, 일에 집중할 수 있는 공간으로 만들자. 학습자가 필요로 하는 교재의 양을 고려해서 파일 함이나 별도 박스에 담아 발밑에 놓고 필요에 따라 꺼내 쓰는 것도 방법이다. 책상이 여유로우면 마음에도 여유가 생긴다. 책상의 주인인 자녀들과 함께 논의해서 효과적인 책상의 정리규칙을 만들고 실천해 보자.

마법의 정리 액션!

집중력에 좋은 심플한 책상 정리규칙 3가지

① 현재 공부에 필요한 교재만 올리기
② 문구류는 종류별로 몇 가지만 대표로 두고 여분은 별도의 공간에 모아두기
③ 공부 후 책상 위에는 최소한의 물건만 두기

구체적으로 알려 주자

정리는 가르쳐 주어야 한다. 부모들이 먼저 정리하는 모습을 보며 배우기도 한다. 자녀들이 제대로 된 정리방법을 배우지 않고 정리하라는 지시만 받는

다면 정리는 하기 싫고 귀찮은 일이 될 확률이 높아진다. 잘 모르고 억지로 한 정리 결과물은 좋은 피드백을 받기 힘들기 때문이다. 어설프게라도 하려고 하면 그나마 다행이지만 대부분은 미룬다. 그래서 정리방법은 구체적으로 알려주어야 한다. 그래야 혼자서 꾸준히 할 수 있다.

아이 방 정리 함께하기 실천 팁

본인의 것이 아닌 가족의 물건을 정리할 때는 주인 허락 없이 함부로 처분하면 안 된다. 각자 채우고 버리는 기준이 다르기 때문에 함께 의견을 나누며 정리하는 것이 좋다. 타인의 것을 정리하는 사람 입장에서는 애정과 추억이 없으니 고민 없이 빠르게 물건을 처분할 수 있다. 그래서 혼자 정리가 안 될 때는 컨설턴트나 전문가의 도움을 받는 것이다. 그러나 전문가들이 방문하여 비움 할 때도 물건 주인의 의견을 먼저 묻고 확인한다. 정리의 기준을 세우고 그것에 맞지 않는 것은 따로 모아서 남길 물건을 고르는 방식이다. 어딘가에 놓여 있을 때는 비울 것이 눈에 띄지 않지만, 막상 꺼내보면 쓰지 않고 보관만 하는 물건이 꽤 많다.

엄마들에게 "아이와 함께 방을 정리하세요"라고 하면 흔하게 이런 대답이 돌아온다. "아이에게 물어보면 절대 버릴 수 없어요. 다 쓴다고 하니까요." 나 또한 처음에는 아이 물건을 임의대로 처분했다. 아직 아이가 어리다면 엄마의 의견이 우선이다. 하지만 아이가 성장할수록 더디더라도 자기 물건을 잘 챙기고 정리해야 한다는 것을 지속해서 알려주면서 책임을 함께 주어야 한다. 장난감과 책을 처분하는 것도 마찬가지이다. 부모가 묻지 않고 버린 물건을 아이가 다시 찾게 되면 그 이후에는 더욱 버리기 힘들게 되는 부작용을 낳을 수도 있다. 그러면 앞서 말한 '정리의 마법 4단계'를 적용하여 장난감을 정리해 보도록 하자.

마법의 정리 액션!

장난감 정리하기

1단계 꺼내기, 여기저기 흩어져있는 장난감

마음먹었을 때 모두 정리하려면 모두 꺼내놓고 해야 속도가 붙는다. 처음에는 힘들지만, 어느 정도 자리를 잡아놓으면 이후에는 정리하는 시간이 현저하게 줄어든다. 하나둘 꺼내놓다 보면 생각보다 양이 많고 가지고 놀지 않는 것도 많다는 것을 깨닫게 된다.

2단계 분류하기, 좋아하는 장난감 vs 사용하지 않은 장난감 분류

버릴 것을 골라내라고 하면 아무것도 빼지 못하게 할 것이다. 반대로 현재 좋아하고 가장 많이 가지고 노는 장난감이 무엇인지를 고르게 하자. 그리고 그 외에 사용하지 않는 장난감은 벼룩시장, 중고 판매, 나눔 등 가치 있게 비울 방법을 같이 얘기 나눠볼것. 당장 집 밖으로 비우는 것을 싫어할 경우 다른 곳에 보관해두었다가 꼭 필요한 물건은 다시 가져올 수 있게 여유를 두어도 좋다. 내 아이를 보더라도 처음에는 빼는 것을 싫어하더니 막상 잘 가지고 노는 것들만 남겨놓으면 그것들을 더 소중하게 다루며 재미있게 놀았다. 이렇게 주기적으로 정리하면 장난감을 사달라고 하는 횟수가 오히려 줄어든다. 아이도 부모도 선호하는 것이 무엇인지 알게 되니 충동구매도 줄어든다. 아이 방에 쓰지 않는 장난감이 많은 공간을 차지하고 있지 않은지 다시 살펴보자.

3단계 자리 잡기, 쉽게 꺼내고 정리할 수 있도록 라벨링하고 자리 잡기

분류를 통해 잘 가지고 놀 장난감만 남았다면 이제 쉽게 넣고 뺄 수 있도록 자리를 잡아준다. 물건의 제자리를 잡지 않은 상태에서 장난감을 정리하면 공간 있는 곳에 규칙 없이 넣게 된다. 여기서 꼭 필요한 것이 앞서 설명한 '라벨링'(4장 정리를 도와주는 링, 밍, 핑 편 참고)이다.

장난감이 들어가는 상자나 박스, 바구니에 담긴 물건의 이름을 적어준다. 이때 주의할 점은 보관공간을 너무 세밀하게 분류하거나 여유 없이 물건이 빡빡하게 담기면 아이들이 다시 정리하기 힘들어진다는 점이다. 분류의 기준을 '자동차, 인형, 미술놀이' 등 큰 영역으로 정해주고 물건의 양이 많은 경우에 조금 더 상세하게 소재, 색깔, 사용 빈도 등을 기준으로 나누어 준다. '아이방 자리잡기'의 목적은 쉽게 꺼내고 쉽게 제자리에 넣기임을 잊지 말자.

4단계 유지하기, 놀고 나면 제자리, 새로 들어오면 기존 장난감 점검하기

큰마음 먹고 정리를 해 두어도 다시 이전의 상태로 돌아가기 쉬운 곳 중의 하나가 아이들 방이다. 수업 시 진행했던 설문조사(30~40대 주부, 50명 대상)에 따르면 정리 후 유지 안 되는 곳 1위는 옷장, 2위 아이 방, 3위 주방 순이었다. 아무래도 물건이 많고 사용 빈도가 높은 물건이 있는 공간일수록 정리 흐름이 깨지기 쉽다. 앞서 나눈 '정리의 마법' 1~3단계를 차근차근 실천하고 4단계 유지하기에 이르면 항상 정리된 상태까지는 아니더라도 '쉽게 제자리로 되돌릴 수 있는 상태'는 가능해진다. 즉 적정량의 물건이 있는 공간에 제자리를 잘 잡아주면 아이들도 수월하게 정리를 할 수 있게 된다. 또한 새로운 장난감이 생기면 기존 장난감 하나 보내주기 등의 규칙을 세워 한정된 공간에 물건이 넘치는 일이 없도록 해야 한다. 다 놀고 난 후에는 반드시 정리하게 하자. '모두 제자리' 같이 정리 관련 동요를 틀거나(나이에 따라 신나는 곡도 좋다) 타이머를 맞춰 게임처럼 시간 안에 정리하기를 통해 즐겁게 정리하면 된다. 집뿐 아니라 학교, 친구 집, 도서관에서도 스스로 뒷정리를 해야 한다고 알려준다. 정리습관이 잘 된 아이들은 주변에서 보는 평가에 긍정적 영향을 준다. 정리의 즐거움을 깨달을 수 있도록 오늘부터 자녀들과 하나씩 정리습관을 만들어보자.

6. 우리 가족 추억 정리

추억을 떠올리는 도구

표준국어대사전에서 '추억하다'의 의미는 '지나간 일을 돌이켜 생각하다'라고 정의되어 있다. 내게 '추억'을 묻는다면 가족과 함께한 여행 기억이 먼저 떠오른다. 가족 모두 여행을 좋아해서 기회가 되면 새로운 곳으로 떠날 계획을 세운다. 집 떠나면 하는 고생도 다시 떠올리면 새로운 추억으로 남기 때문이다. 사람마다 기록하고 남기는 방식에 차이가 있겠지만 생각하면 힘이 되는 추억은 오랫동안 기억하고 싶어 한다. 그래서 다시 못 갈 것처럼 방문지의 여행기념품을 바리바리 사 오기도 한다.

나도 한때는 먹을 것부터 작은 소품에 이르기까지 적지 않은 양의 여행기념품을 사 왔다. 그뿐인가, 가기 전부터 당장 필요하지도 않은 면세품 쇼핑을 하느라 바빴다. 출국 전에 산 물건을 찾느라 대기하고 챙기는 시간도 만만치 않게 필요했다. 그러나 비우는 생활을 시작한 후로는 지금 필요하지 않은 물건을 구매하기보다 그 돈으로 여행을 좀 더 즐겁게 보내는 것에 집중한다. 여행기념품도 꼭 필요하지 않으면 사지 않는다. 대신 아쉬운 마음이 들 수 있으니 방문한 곳의 이름이나 상징하는 대표 모형물이 담긴 마그넷(냉장고에 붙이는 자석장식) 정도만 하나씩 사온다. 그 정도만 해도 그곳의 추억을 떠올리는 좋은 도구이다. 추억은 꼭 물건으로 남기지 않아도 괜찮다. 오히려 넘치는 '추억용 물건' 때문에 정작 소중한 기억들을 꺼내기 힘들 수도 있다.

추억은 다양한 방법으로 남길 수 있다. 눈과 가슴으로 만나는 느낌을 글이나 그림으로 남겨 보았는가? 세상에 하나밖에 없는 이러한 흔적이 때로는 다른 물건보다 선명하게 추억을 떠오르게 하는 도구가 되기도 한다. 혹시 무언가 남겨놓아야만 추억이 된다고 생각하지는 않은가? 아니면 물건을 비우면 추억이 사라져 버릴까 봐 걱정인가? 그러한 목적으로 무심코 남기는 물건들 때문에 다른 새로운 것이 채워질 자리를 잃고 있는지도 모른다. 몇 년 혹은 한 번도 꺼내보지 않을 '언젠가 볼 추억의 물건' 때문에 정리 스트레스를 더하고 있지는 않은가? 정리의 목적은 버리기가 아니라 '제대로 남기기'이다. 사랑하는 가족들에게 물려주고 싶을 만큼 가치 있는 것들을 남기고 있는지 점검해 보자.

추억의 물건 리스트

어느 집에나 있을 법한 추억의 물건들을 한번 골라보자. 단, 추억의 물건을 정리할 때 몇 가지 주의사항이 있다.

1) 감상 금지

하나하나 읽어보고 들여다보기 시작하면 너무 많은 시간이 소요된다. 정리할 때는 빠른 판단으로 분류한 후 다시 보고 싶어 꼭 남긴 것들만 이후 시간을 두고 한 번 더 살펴보자.

2) 추억의 물건 박스에 들어갈 양을 정할 것

한도를 두지 않으면 이것저것 다 추억 용품이라는 이름으로 남을지 모른다. 꼭 남기고 싶은 것들만 상자 하나에 담고 채워지면 다시 선별하는 작업을 반복한다.

3) 부정적인 추억을 떠오르게 하는 물건은 아웃(편지, 쪽지 포함)

볼 때마다 부정적인 추억이나 좋지 않은 기분이 드는 물건은 과감하게 밖으로 빼자. 이름도 가물거리는 학창 시절 친구들과의 편지, 쪽지, 똑같은 얘기 가득한 시즌 연하장도 정리대상이다.

4) 시대에 맞지 않은 디지털 용품은 아웃

재생할 수 있는 플레이어가 사라진 카세트테이프, 비디오테이프, 플로피 디스크 등도 혹시 몰라 보관만 하는 경우가 많다. 중요한 내용이 담겨 있는 경우, 담겨있는 기록물을 현재의 디지털 파일로 복원시켜주는 서비스도 있으니 더 시간이 지나기 전에 챙겨보자.

5) 기존의 형태가 유지되지 않는 물건도 아웃

오래 두면 색이 변하거나 곰팡이가 생겨 부식될 수 있는 물건들도 정리한다. 할머니가 주신 거라며 아버지가 보관하던 좋은 옷감이 있었는데 다시 꺼내보니 사용할 수 없는 상태로 변색되어 있었다. 좋은 물건은 좋은 상태일 때 최대한 빨리 사용하는 것, 아끼면 헌것이 되어 쓰레기가 될지도 모른다.

다음 페이지 리스트의 물건들은 내가 직접 수강생과 컨설팅 등을 통해 경험한 '버리기 힘든 추억의 물건' 중 일부이다.

나 또한 학창 시절 친구들의 쪽지 하나 놓치지 않고 보관하던 때가 있었다. 그런데 그 쪽지를 열어보고 확인하며 추억을 떠올린 건 버리기 위해 마음먹었을 때 한두 번뿐이었다, 물론 덕분에 잠시나마 추억을 떠올리는 시간을 갖기도 했지만 이름도 가물가물한 어린 시절 친구들의 편지로 옷장 한쪽을 가득 채웠던 짐을 정리하고 나니 필요한 것만 제대로 남긴 마음이 들었다. 현재 내 곁에 있는 사람들에게 더 잘해야겠다는 생각도 했다.

버릴까 말까, 대표적인 추억의 물건

- □ 편지, 쪽지
- □ 일기장
- □ 사진
- □ 듣지 않는 음반, CD, LP판
- □ 받았는데 쓰지 않는 선물
- □ 물려받았지만 지금 필요 없는 물건
- □ 영수증, 혹시 필요할지 몰라 두었던 오래된 서류
- □ 자녀들의 그림, 만들기 작품집, 낙서 등
- □ 이전 버전 휴대전화
- □ 교복, 군복, 기념일에 입었던 정장

내가 많이 비웠음에도 꼭 챙기는 추억 용품이 있다면 바로 '일기장'이다. 한 사람의 역사와 생각이 고스란히 담긴 세상에 하나뿐인 기록이기에 앞으로도 꾸준히 기록하며 보관하고 싶다. 제대로 남기고 싶은 것이 무엇인지 생각해보면 소중하게 남길 것이 보인다. 무엇이 있는지도 모르는 먼지 쌓이는 짐이 아니라 오랫동안 남기고 싶은 추억이 무엇인지 찾아보자.

추억정리 3단계

1) 모으기

여기저기 흩어져있던 추억의 물건을 한군데 모아 담는다.

2) 분류하기

적당한 보관박스를 골라 그 안에 들어갈 양만큼의 추억용품만 남긴다. 처분하기 아쉬운 기록은 스캔, 사진 등을 통해 디지털화한다.

마법의 정리 액션!

스캐너 앱을 통해 휴대전화로 깔끔하게 스캔할 수 있다.

스캐너는 일반 카메라 사진보다 글씨와 그림의 왜곡을 줄이고 배경을 정리할 수 있어 서보기 좋게 디지털화할 수 있다. 추천 휴대전화 스캐너앱은 camscanner / Office lens / VFlat 등인데 지속적으로 좋은 앱들이 추가되니 평가를 살펴보고 실제 구현해보면서 편한 앱만 남기면 된다.

3) 주기적으로 관리하기

다시 생긴 추억의 물건은 관리하는 추억용품 상자에 들어갈 만큼만 넘치지 않게 담는다.

추억 용품을 꼭꼭 숨겨놓는 것이 아니라 생각날 때마다 꺼내 볼 수 있게 정리해보자. 나는 아이들이 어릴 때 썼던 육아일기를 거실에 꽂아두고 종종 아이들과 함께 읽어본다. 아이들은 기억나지 않는 어릴 때 모습을 보며 재미있어하고 엄마 아빠뿐 아니라, 온 가족이 사랑을 듬뿍 주었다는 사실을 새삼 깨닫기도 한다.

어떤 추억을 남기고 싶은가? 잘 선별해서 추억정리를 하면 묵히는 짐이 아니라 앞으로 만들 추억을 남기는 방향에도 요령이 생긴다. 무엇이 담겨 있는지 언제 꺼내볼지 모르는 '판도라의 상자'가 아닌 지칠 때 힘을 주는 '추억 상자'로, 가치 있는 것들을 정리해보자.

7. 한 장의 추억, 디지로그 사진 정리

사진을 찍는 목적

사진을 왜 찍는가? 추억 혹은 기록을 남기기 위해서이다. 오래되지 않은 과거에 필름 카메라를 이용해 특별한 날 다른 일상을 한 장 한 장 신중하게 담았던 기억이 난다. 다 찍으면 최대한 빨리 사진관에 맡겨놓고 기다렸던 시간이 꽤 길게 느껴졌다. 그렇게 사진을 손에 담아 몇 번 보고 또 보고 가족들과 돌려가며 다시 보았다. 이와 비교해 요즘은 사진 찍기가 꽤 편해졌다. 늘 손에 들고 다니는 휴대전화만 있어도 세상 많은 것들을 사진과 동영상으로 담고 화면을 통해 바로 확인할 수 있다. 순간순간을 놓치지 않기 위해 찍고 또 찍으니 휴대전화 용량은 사진과 동영상 덕에 늘 부족하다. 사진을 좋아하는 나도 휴대전화 사진뿐 아니라 무거운 전문 카메라, 비디오 촬영기기를 통해 많은 기록물을 남겼다. 이뿐인가, 다른 사람에게 받거나 다운받은 파일의 양도 만만치 않다. 그러다 보니 사진 꺼내보기가 더 어려워진다. 물건처럼 사진도 정리되어 있지 않으면 다시 챙겨보는 일이 어렵고 귀찮아진다. 사진의 양이 많아지니 정리하는 일도 엄두가 나지 않는다. 그런데 사진은 꺼내 볼 때 빛이 난다. 그 목적에 맞는 가치를 발할 수 있는 것이다. 반면 휴대전화와 컴퓨터 속에 잠자고 있으면 잘 남긴 기록 파일로 끝나버린다. 그래서 사진은 다른 정리방법이 필요하다.

소중한 사진 정리 4단계

먼저 사진 정리의 중요성에 대해 깨달았던 내 에피소드를 들려주겠다. 사진을 꽤 많이 찍었던 터라 오래전부터 많은 양의 파일을 차곡차곡 외장하드에 담아 보관해 오고 있었다. 용량은 2T(테라바이트)였다. 이 정도 크기면 음악 MP3는 40만 곡, 사진은 50만 장 정도 담을 수 있는 어마어마한 양이다. 용량에 여유가 있으니 사진과 영상을 찍은 그대로 보관해왔다. 지나간 순간은 다시 되돌릴 수도 살 수도 없는 귀한 것이라는 생각에 함부로 지우지도 못했다. 그런데 이사를 하던 어느 날 그 소중한 외장하드를 잃어버렸다. 이사 정리는 뒤로한 채 얼마나 찾았는지 모르겠다. 허탈감, 후회, 아쉬움으로 잠도 못 이루었다. 여기저기 사진이 조금씩 남아 있기는 했지만, 특히 아이를 낳기 전후의 소중한 기록들을 한순간에 날려버린 것 같아 그렇게 마음이 무거울 수가 없었다. 그렇게 찾아 헤매기를 며칠, 우연히 뒤적거린 컴퓨터 책상 뒤에서 기적처럼 외장하드를 찾았다. 그 기쁨이란 말로 표현할 수가 없었다. 나도 모르게 눈물이 날 정도였으니까.

이 일을 겪으면서 절실히 느꼈던 것은 내가 보관했던 사진은 '디지털 파일'이라는 것, 그러니 이렇게 취약하게 보관하면 안 되겠구나 하는 것이었다. 그렇게 사진 정리와 보관의 필요성을 절실히 깨달은 후부터는 더욱 적극적으로 사진 정리법을 찾아보고 고민하며 적용해보았다. 그 중 추천할만한 사진 정리방법을 소개한다.

최근에 찍은사진은 대부분 디지털 파일 형태로 보관되어 있을 것이다. 물론 인화된 사진도 있을 수 있다. 이런 특성을 살려 디지털과 아날로그의 합

성어 '디지로그' 방식을 활용해 사진을 정리해보도록 하자. 사진 정리도 앞서 배운 마법의 정리 4단계 방법을 적용하여 정리할 수 있다.

1단계. 사진 꺼내기

내가 가지고 있는 모든 사진을 한꺼번에 정리하면 좋겠지만 양이 만만치 않을 것이다. 우선 최근 2~3년 기준으로 여기저기 흩어져있는 사진을 모은다. 사진, 휴대전화, 캠코더 등 다른 방법으로 촬영한 파일도 한곳에 모아 놓는다. 폴라로이드나 인화된 사진도 챙겨본다. 이때 보관이 필요한 사진은 앞서 설명한 대로 휴대전화 스캐너 앱을 이용해 디지털화하는 것이 좋다.

2단계. 연도/날짜별로 분류하기

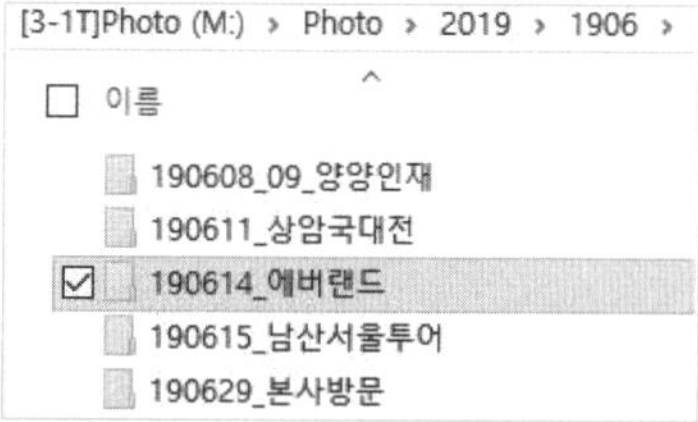

디지털 사진 폴더 예시

모은 사진을 찍은 날짜 기준으로 분류한다. 디지털 사진의 경우에는 탐색기나 사진 뷰어, 자세히 보기를 통해 생성 날짜별로 정렬할 수 있다. 이를 기준으로 사진이나 영상 파일을 각 폴더에 나눠 담는다. 폴더를 연도별로 구분하고 하위 폴더를 단계별로 연월일 순으로 내려준다. 이때 폴더명은 폴더를 열지 않고도 그 안에 들어있는 사진을 예상할 수 있도록 장소, 행사, 인물 등을 간단히 적어주면 검색할 때 편리하다. 이후 장소나 인물 기준으로 세부 분류를 해도 좋다. 버려도 괜찮은 사진은 1차로 선별해서 빼버리면 이후 작업이 조금 더 수월해진다.

3단계. A컷/B컷 사진 고르기

잘 나온 사진을 골라본다. 그중에서도 오래 간직하고 싶은 잘 나온 사진을 A컷이라 한다. B컷은 그다음 단계의 만족을 주는 사진이다. 그런데 가지고 있는 사진은 A컷이 너무나 많아서 고르기 쉽지 않다. 가족, 여행, 행사 사진을 찍다 보니 사진이 좀 흔들려도, 아이가 찡그리거나 울고 있어도 다 추억이란 이름이 붙기 때문이다. 이때는 폴더 13개를 추가로 만들어서 월별(12개), 연도별(1개) Best photo를 뽑아본다. 버릴 것을 골라내는 것이 아니라 월별로 잘 나온 사진을 10장씩 골라본다. 처음에는 이것도 쉽지 않지만 몇 달 치를 하다 보면 버리는 사진을 고르는 것보다 잘 나온 것을 고르는 것이 속도가 더 빠르다. B컷은 A컷 10장 안에 들어가지 못한 사진 중 추억을 남기는 데 도움이 될 만한 (여행의 배경, 행사 현장, 다른 지인의 사진 등) 자료를 중심으로 남긴다. 이외 흔들리거나 내가 안 예쁘게 나왔거나, 보면 안 좋은 기분이 드는 사진은 과감히 아웃.

4단계. 앨범 만들어 꺼내보기, 분산하여 보관하기

사진은 다시 볼 수 있게 만들어야 제 가치를 다한다. 그 방법으로 인화 앨범을 추천한다. 디지털 파일로 보관하는 사진은 가족과 지인들이 함께 보는 데 한계가 있다. 특히 아이들은 부모 컴퓨터, 휴대전화 안에 보관하고 있는 사진을 볼 기회가 많지 않다. 반면 앨범을 만들어 잘 보이는 곳에 꽂아두고 이야기를 나누면 추억을 회상할 수 있는 좋은 도구가 된다. 또한 디지털 형태로만 보관한 파일은 예상치 못한 삭제, 분실, 바이러스, 재생 불가 등의 위험 가능성도 있으므로 디지털뿐 아니라 앨범 같은 아날로그 백업을 함께하는 것이 좋다.

1) 심플한 앨범 만들기

앨범은 앞서 3단계에서 분류한 A컷과 B컷을 인화해서 만든다. 월별로 소량의 A컷을 담고 조금 덜 중요한 B컷은 여러 장의 사진을 한꺼번에 담아 콜라주 하는 것도 좋다. 이때 앨범은 부피를 많이 차지 않는 단순한 형태가 좋다. 두껍고 무거운 앨범은 꺼내기도 어렵고 자리를 많이 차지해서 또 하나의 '짐'이 된다. 클리어파일 두께의 가벼운 앨범을 연도별로 한 권씩 만들어보자. 하나뿐인 '추억의 이야기책'이 된다.

2) 분산하여 보관하기

분류작업이 끝난 디지털 사진은 잃어버리지 않고 원할 때 꺼내 볼 수 있도록 안전하게 백업Back-up하는 것이 꼭 필요하다. 다양한 보관방법이 있으나 2가지 이상의 저장 방법을 사용하는 것을 추천한다.

첫 번째로 포토 클라우드 서비스를 이용하는 방법이다. 대표적으로는 '구글포토google photo'가 있다. 안드로이드 휴대전화의 경우 사진첩과 동기화시켜 놓으면 자동으로 구글 포토의 내 계정에 사진이 동기화되는 구조이다. 내 사진이 다른 회사의 서버에 그대로 올라간다는 것이 심리상 편치 않은 일이긴 하지만 얼굴 검색과 정렬 방식, 위치정보 등 편의성이 뛰어난 사진 보관시스템이다. 이외에도 다양한 클라우드서비스를 활용하면 어떤 환경에서도 로그인을 통해 사진을 저장하고 다운받을 수 있어 활용도가 높다.

두 번째로는 저장매체에 복사본을 보관하는 방법이다. 휴대전화로 촬영한 후 어떤 백업도 하지 않고 휴대전화 안에 사진을 차곡차곡 쌓기만 하는 경우가 일반적인데 이 경우에는 사진을 제대로 관리하기가 힘들다. 반드시 컴퓨터, 외장하드, USB, 읽기 쓰기가 가능한 CD, DVD R/W 등 다른 매체에 복사 또는 이동을 통해 이중으로 보관해야 잃어버린 후 후회하는 일이 없다. 자주하기는 귀찮은 일이지만 사진의 양에 따라 분기나 상/하반기에 한 번씩 주기적으로 옮겨주자. 요즘은 용량대비 가격도 크기도 우수해서 조금만 신경을 쓰면 소중한 자료를 보다 안전하게 저장할 수 있다.

앞서 얘기한 외장하드 분실 에피소드는 다시 생각해도 그 소중한 자산을 못 찾았으면 어땠을까 아찔하다. 나도 이론상으로는 늘 알고 있지만 좀 더 꼼꼼하게 실천하지 못한 후회로 시작했던 '디지로그 사진 정리' 방법을 소개했다. 현재는 사진앨범과 포토 클라우드 서비스, 외장하드, USB 등에 소중한 추억을 담아 보관하는데 디지털의 한계를 사진앨범이 보완해주니 사진을 보는 횟수가 늘어났다. 편한 방법으로 사진을 더 꺼내볼 수 있는 방법을 찾아보자. 사진을 남기는 목적이 더 분명해질 것이다.

8. 살아있는 책장 만들기

"책장을 편집할 수 있다면 인생도 편할 수 있다."

– 나루케 마코토, 『책장의 정석』

책장 점검하기

여러분의 집에 책이 몇 권이나 있는가? 아마 권수를 다 헤아려보지 못했을 만큼 적지 않은 책이 집안 곳곳에 있을 것이다. 자녀가 있는 집 부모들이 '거실의 서재화'를 꿈꾸며 주요 공간 한 면을 책꽂이로 장식하는 것이 유행이기도 했다. 아무래도 집에 책이 많으면 고를 수 있는 선택권도 다양해지니 아이들이 책에 더 흥미를 가질 것이라는 판단이 작용했다. 이러한 기대로 엄선한 책을 골라 채워주는 것이 교육을 위한 의무감으로 느껴지기도 한다. 나 또한 이에 편승해 TV를 없애고 거실에 큰 책장을 두기 시작한 지 몇 해가 지났다. 아이들은 TV가 없다는 것에 종종 불만을 내비치고는 하지만 시청 시간 통제를 위해 옥신각신하는 것보다는 나을 것 같아 다른 대안을 제시하며 잘 버티고 있다. 대안을 묻는 사람들이 있어서 덧붙이자면 영화상영용 빔프로젝터와 주방용 인터폰에서 나오는 작은 화면이다. 종종 정해진 시간

동안 휴대전화를 이용하기도 한다. 온 국민이 보는 월드컵 경기도 이런 대안을 이용했는데 옹기종기 모여 앉아 즐겁게 관람했다. 흥미로운 온라인 볼거리로 인해 독서의 우선순위가 밀리지 않도록 애쓰고 있다. 심심해서 반강제로 책을 보게 만드는 전략이 어느 정도는 통한 것 같다.

어찌 됐든 나도 책 욕심이 있어서 적지 않게 책을 들여놓았다. 마치 집에 소장하고 있으면 그 책을 다 볼 것 같은 '착각'에 빠지기도 했다. 점점 책을 넣을 공간이 부족해지니 드는 생각은 '책장이 부족하군'이었다. 사람이 활용할 공간이 줄어서 그렇지 책장을 들이는 것은 어려운 일이 아니다. 사이즈를 체크하고 인터넷 클릭 몇 번에 결제만 끝내면 빠르게 배송된다. 그런데 책장을 주문하기 전 가만히 바라보니 안 보는 책이 눈에 띈다. 아이들 책도 그렇지만 엄마 아빠가 보지도 않으면서 꽂아만 놓았던 책들이 많았다. 우리가 물건을 빼지 못하게 발목을 잡는 '언젠가 볼 거야' '일단 두자'의 정리 방해꾼이 잠자는 책의 공간을 넓히고 있다. 당신의 책장도 이런 책들로 자리가 부족하지는 않은지 점검해보자.

책장 속 잠자는 책 유형 Best 3

1) 재생할 수 없는 어학교재

어학시험이나 여행을 목적으로 한두 번 도전하고 방치한 어학교재. 꾸준히 하지 못해 시간이 꽤 지나버린 교재들과 더 이상 재생할 수 없는 카세트테이프가 자리를 차지하고 있지는 않은지 체크해보자. 다시 어학 공부를 할 마음이 들 때 개정판과 최신 음원으로 새롭게 도전.

2) 전시용 전공서적

적지 않은 시간이 흘렀을 학부용 전공서적들. 두께도 만만치 않은데 치우지 않고 그대로 꽂혀있지는 않은지, 책의 내용을 다시 들여다보기 위함보다 추억용으로 두지는 않았는지? 2~3권은 꽂을 수 있는 자리를 독차지하지만 더이상 열어볼 일 없는 두꺼운 책은 안녕.

3) 시기에 맞지 않은 책

어릴 때부터 읽었던 모든 책을 다 소장해야 한다면 새로 들어오는 책은 어디에다 둘까? 책의 생명력은 읽는 데 있는 것. 가지고 있는 책 중 다시 꺼내보고 싶고 꼭 소장하고 싶은 책을 수시로 골라보자. 엄선해서 고른 책들은 반짝반짝 더욱 눈에 잘 띄어 읽고 싶어진다.

살아있는 책장 만들기

책에는 불변의 지식이 담겨 있기도 하지만 과학, 트렌드, 시사 등 지속해서 새로운 정보를 추가하는 부류의 책들도 있다. 하루가 멀다고 기존의 기술로 발견하지 못했던 새로운 지식이 끊임없이 쏟아져 나온다. 이에 따라 책도 신선한 정보들이 공급될 수 있도록 순환을 시켜주어야 한다. 그렇지 않으면 이전 정보를 최신정보로 착각하는 오류를 범할 수도 있기 때문이다. 하루는 아이가 지인에게 물려받은 컴퓨터 관련 도서를 보고 있는데 지금은 보기 어려운 버전의 컴퓨터가 가장 최신의 컴퓨터로 소개된 것을 발견하고 '아차' 싶었다. 우주의 행성과 자연 현상들도 새로운 해석이 계속 쏟아져 나온다. 최신정보를 따끈따끈하게 모두 책으로 만날 수는 없어도 책이 들고나는 흐름이 막혀 과거 정보를 최신정보로 인지하면 안 된다. 책장의 책은 소장하는 것이 목적이 아니라 제대로 된 글을 읽기 위함임을 인식하고 책장을 바라보자. 덜어내야 할 것들이 보인다. 책을 집에 들여올 때도 신중해야 한다. 자녀의 책을 부모 욕심에 충동구매로 쌓아놓고 있지는 않은지 말이다. 비싼 가격을 들여 새로 산 전집에 아이들이 흥미를 보이지 않아도 투자한 금액이 아쉬워 모시고 있는 경우도 적지 않다.

컨설팅했던 집의 6살 아이 방에는 3면 가득 책장이 있었다. 대략 천여 권은 되어 보이는 책을 찬찬히 들여다보았는데 아이가 읽을 수 있는 수준보다 훨씬 더 높은 것들이 대부분이었다. 고전부터 역사, 예술까지 훌륭한 책은 많았으나 어른도 쉽게 읽어보지 못했음 직한 어려운 제목의 책이 꽂힌 책장을 보니 엄청난 무게감이 들었다. 이미 바닥에도 책이 적지 않게 있어서 아이 방인데 책이 주인인 방 같았다. 이 경우에는 모든 책을 다 꽂지 말고 수준에 맞추어 일부 덜어내었다가 적절한 시기에 넣어주면 새 책처럼 흥미를 높이는 효과가 있다. 또한 높은 책장은 아이들의 손이 닿지 않은 영역이 많으므로 아이 손이 닿는 '핸디존'이 어디까지인지, 어떤 책을 놓을 것인지도 고려해야 한다. 좋은 책을 골라 자주 꺼내 볼 수 있도록 신선한 책장을 만들어주자. 책을 잘 정리하면 독서량에도 영향을 준다. 어른도 마찬가지이다. 보고 싶은 책, 봐야 하는 책을 적절히 선별하여 '나만의 Best' 책장 영역을 만들어보자. 나는 책장 한 칸을 그렇게 쓰고 있는데 그 칸에는 보고 싶고 남기고 싶은 나만의 Best-book을 모아두었다. 넘치면 다시 선별해서 Best of Best만 남겨둔다. 이렇게 운영하면 무작정 책을 사서 채우기보다 나에게 잘 맞는 책을 선별해서 남기는 요령이 생긴다. 책도 잘 남기는 것이 중요하다.

책을 비우는 방법

좋다고 생각하는 모든 책을 다 집에 갖출 수는 없다. 또한 집에 책이 많으면 놓을 공간이 마땅치 않은 탓에 신간을 들이기도 쉽지 않다. 그래서 나는 서점과 도서관을 애용한다. 많은 책 속에서 아이디어도 얻고 끌리는 책은 그때 구매한다. 하지만 집에 두는 책은 용량을 제한한다. 책을 안 보고 쌓아놓는 짐으로 만들고 싶진 않기 때문이다. 그러면 집에 있는 책은 어떻게 정리할까?

1) 안보는 책 중고서점에 팔기

알라딘 서점, YES24, 개똥이네(전집) 등 인터넷 중고서점을 통해 판매가 가능하다. 해당 사이트의 중고서적 매입 가능 가격은 책 뒤편의 바코드를 찍어 손쉽게 확인할 수 있다. 일정 가격 이상이 되면 무료수거도 가능하며 오프라인 서점에서 직접 판매도 가능하다.

2) 중고 판매

플리마켓, 어린이 벼룩시장, 온라인 중고나라, 당근(지역 근처 판매) 등을 통해 개인 간 거래도 가능하다. 책은 중고구매 시 선호하는 인기 품목 중 하나이므로 상태와 가격이 적정하면 어렵지 않게 판매가 가능하다. 물론 부담 없는 가격에 새 책 같은 중고책을 구매할 수도 있다.

3) 기부

나는 더이상 보지 않지만 누군가에게는 큰 가치가 될 수 있다. 도서관, 아름다운 가게, 종교단체 등을 통해 의미 있게 책을 순환시키는 것도 꽤 보람 있는 일이다. 쌓아놓지 말고 책을 순환시켜보자. 더 좋은 책을 만날 기회가 생긴다.

마법의 정리 액션!

책 정리 요약

① 책장을 추가하기 전, 가지고 있는 책을 신중하게 검토할 것

② 정보의 흐름이 중요한 도서의 경우 주기적으로 업데이트할 것

③ 책장 한 칸을 나만의 Best-Book으로 채워볼 것

④ 아이들의 손이 닿는 '핸디 존'을 고려해 책을 배치할 것.

⑤ 보지 않고 자리만 차지하는 책은 중고판매, 기부, 배출 등을 통해 덜어낼 것

5장

채움, 비움, 나눔

1. 물건을 모시고 산다?

물건을 모시고 사는 비용

집은 휴식과 재충전을 할 수 있는 소중한 공간이다. 먹고 자고 성장할 기회도 제공한다. 이를 위해 필요한 물건들이 있다. 편의성을 이유로 구매하는 물건들이 집안 곳곳을 채운다. 사람마다 기준이 다르지만, 각각의 목적이 있는 적당한 물건은 삶을 풍요롭게 하는 데 도움을 준다. 그런데 공간대비 물건이 넘치면 주객이 전도된다. 내가 주인이 아니라 물건을 모시고 살게 되는 것이다.

주위를 둘러보자. 가지고 있는 물건이 얼마나 많은 공간을 차지하고 있는지 말이다. 다른 물건을 정리하려 세워놓은 수납장이 물건을 늘리는 둥지가 되고 있지는 않은가? 운동을 위해 구매한 실내용 자전거, 집에 가져다 놓으면 그대로 살이 빠질 것 같지만 타지 않고 모셔놓으면 이 또한 짐이 된다. 옷을 대충 걸쳐 놓는 옷걸이 대용으로 써버린다면 비싼 자전거=비싼 옷걸이로 변해버린다.

물건의 가치하락뿐인가, 그 옷걸이가 차지하고 있는 반 평 남짓한 공간도 비용이다. 반 평의 가치를 천만 원 정도 잡고 자전거 구매금액과 옷걸이로 가치하락 한 것마저 고려하면, 천만 원이 넘는 돈이 안 쓰는 물건을 모시고 사는 비용인 셈이다. 어떤 물건이 있는지조차도 모른 채 물건이 모여 있는 '창고 방'은 더 많은 유지비용이 들어간다. 계절 가전, 시즌 용품 등 연속적으로 쓰지 않는 물건은 보관공간이 필요하다. 하지만 이런 특성이 없는 물건의 보관공간이 줄어들지 않고 있다면 불필요한 것들이 그곳을 채우고 있다는 사실을 알아야 한다. 작은 공간이라 하더라도 방치하다가는 깨진 유리창처럼 관리 되지 않는 공간이 점차 늘어난다. 사람이 누릴 공간이 더 없는지 살펴보면 의외로 낭비되고 있는 공간과 물건들이 눈에 보인다. 그래서 정리는 관점, 생각을 먼저 정리하는 것이 중요하다. 기존과 다른 시각으로 바뀌면 정리 대상이 제대로 보이기 때문이다.

마법의 정리 액션!

① 우리 집 창고에 무엇이 있는지 보지 않고 목록을 적어보자.
② ①에 적은 내용과 실제 있는 물건을 비교해보며 계속 보관해야 하는 물건인지 검토해보자.
③ 반드시 보관해야 할 것 vs 기억조차 나지 않는 것은 어떤 것이 있었나?

견.물.생.심 차단하기

나는 대기업에서 소비자들이 물건을 많이 구매할 수 있도록 기획하고 실행하는 '마케터' 역할을 꽤 오래 했다. 직장생활을 시작할 때부터 인터넷 쇼핑몰과 홈쇼핑에서 시시각각으로 들어오는 신상품과 인기 상품을 선정하고 더 많은 소비자에게 소개하고 구매할 수 있도록 홍보하는 역할을 했다. 덕분에 좋은 제품들을 매일매일 접하고 추가로 임직원 할인도 적용되니 일하면서도 소비 욕구가 활활 타오른다. 실제 주변 동료들도 꽤 많은 쇼핑을 했는데 회사로 주문한 택배가 만만치 않아 물건을 안고 택시를 이용해 귀가하는 경우도 종종 보았다.

'견물생심見物生心'이라고 했다. 다양한 물건을 보다 보면 '이건 내가 필요했던 것'이라며 필요와 상관없이 구매목적을 합리화하고 구매 유혹을 뿌리치기 힘들다. 이런 소비자의 심리를 마케터들은 적극 파고든다. 고객이 지금 구매하지 않으면 손해 보는 듯한 느낌, 지금 당장 결제하지 않으면 영원히 기회를 놓칠 것 같은 쇼핑심리 말이다. 주위를 둘러보면 수많은 광고와 홍보에 알게 모르게 노출되어 있고 클릭 몇 번이면 하루 이틀 안에 결제한 물건을 집 앞에 가져다 놓는 놀라운 유통시스템이 소비자들의 지갑을 쉽게 열게 만든다. 소비를 하지 말라는 얘기가 아니다. 특히나 여자들에게는 쇼핑이 스트레스 해소수단이자 자기를 표현하는 방법으로 중요한 영역을 차지한다는 것도 잘 안다. 다만 정리의 관점에서 짚고 넘어가야 할 것이 있다면 새롭게 추가하는 물건들이 과연 자신의 삶을 개선하는데 어떠한 도움을 주는지 따져보아야 한다는 것이다.

쇼핑할 때 나의 기준이 아니라 남과 비교하는 쇼핑 습관은 불필요한 소비를 가져온다. 자녀들의 물건이 특히 그렇다. '다른 집 아이들은 다 있는데 내 아이도 사줘야 하지 않을까?' 하는 마음으로 부모는 기꺼이 지갑을 연다. 하지만 문제는 카드를 긁고 물건이 올 때는 신나지만 그 기쁨이 생각보다 오래가지 않고 그 물건 또한 정리 대상이 된다는 것이다. 나와 가족에게 꼭 필요한 소비가 무엇인지를 고민해 볼 필요가 있다. '필요'인가 '욕구'인가?

정리가 안 되는 근본적인 이유

정리가 어려운 이유 중 하나가 '비우지 못해서'이다. 구매할 때 쓰는 여러 기회비용과 그에 담긴 '사연 아닌 사연'이 물건의 사용 여부와 상관없이 쉽게 버리지 못하도록 한다. '안 입지만 비싸게 샀으니 일단 두자, 당장 입을 옷이 눈에 띄지 않으니 다른 옷을 사야겠다'라는 채움의 욕심과 비우지 못하는 미루기의 악순환이 반복된다. 이런 상태가 반복된다면 공간이 늘 부족할 수밖에 없다. 더불어 정리해야 할 대상이 많으면 전문가가 정리해도 많은 시간과 인력이 필요하다. 그러나 물건을 대하는 자세가 바뀌지 않으면 이 또한 오래 유지하기 어렵다. 단적으로 정돈과 수납의 노하우 없이도 단순한 삶, 비우는 삶, 즉 미니멀 라이프를 추구한다면 이렇게 하면 된다.

① 현재 있는 물건 중 불필요한 것들을 최대한 덜어내고
② 다시 물건을 들이기 전부터 신중하게, 혹은 최소의 물건만 들이면 된다.

정리가 어려워지는 건 ①번과 ②번 중 어느 한 곳의 흐름이 깨지기 때문이다. 가끔 이런 질문을 하는 수강생이 있다. "저는 잘 버리는데요. 그만큼 또 사요. 그럼 괜찮은 것 아닌가요?" 물론 버리지 않고 쌓기만 하는 사람보다는 덜 복잡하겠지만, 이 경우에는 쉽게 버리고 또 구매하는 이유를 살펴봐야 한다. 왜 비용과 시간을 들여 무언가를 사놓고 버리는지, 계획 없는 충동구매가 잦지는 않은지 말이다. 혹은 정작 오랫동안 써야 할 물건을 신중히 사지 않고 바꾸는 일이 반복되지는 않는지 살펴봐야 한다. 이런 소비 형태를 가진 사람들은 적지 않은 비용이 '가벼운 소비 욕구' 충족을 위해 낭비될 가능성이 크다. 그래서 살 때도 신중하게 사고 버릴 때도 제대로 비워야 한다.

정리에 대한 개념과 목표의 중심을 잘 잡고 있으면 불필요한 비용이 줄어든다. 수업 후 수강생들에게서 많이 듣는 긍정적 후기 중 하나가 '정리를 실천하니 카드 정산 금액 앞자리가 달라졌다'이다. 과소비하지 말라고 하지 않

아도 정리를 제대로 하다 보면 쓰지 않는 물건이 생각보다 많은 자리를 차지하고 있다는 것, 충동구매가 정리를 방해하는 요인이 된다는 사실을 자연스럽게 깨달으며 반성하게 된다.

쇼핑장애를 전문으로 치료하는 심리 전문가이자 『Stopping 쇼핑』의 저자인 에이프릴 레인 벤슨April Lane Benson은 쇼핑을 하는 이유는 여러 가지가 있지만 새로 산 물건으로부터 위안을 얻고 매력적인 사람이 되고 싶기 때문이라고 한다. 나를 사랑하는 방법이라는 명분으로 충동구매를 합리화하고 있지는 않은지 돌아볼 필요가 있다. 다음 달 생각보다 많은 카드 값에 스트레스 받고 그 빚을 갚기 위해 끊임없이 일해야 하는 악순환구조가 잘못된 자기애愛는 아닌지 생각해 봐야 한다. 정리를 힘들게 하는 '꼭 필요하지 않은 쇼핑' 말고도 나를 사랑하는 방법이 많다는 사실을 잊지 않기 바란다.

마법의 정리 액션!

Q. 나의 정리를 가로막고 있는 요인 3가지를 생각해보자.

A.

Q. 정리 방해요인들을 해결할 수 있는 방안도 3가지도 생각해보자.

A.

Q. 나를 사랑하는 방법으로 나에게 투자할 수 있는 다른 방법 3가지를 생각해보자.

A.

2. 그들이 미니멀리스트가 된 이유

알맞은 정도의 소유는 인간을 자유롭게 한다. 도를 넘어서면 소유가 주인이 되고, 소유하는 자가 물건의 노예가 된다.

– 프리드리히 니체(Friedrich Wilhelm Nietzsche)

내가 소유한 물건이 주는 의미

2011년 3월 11일, 강도 9.0 규모의 대지진과 쓰나미가 일본을 덮쳤다. 이 엄청난 재해로 자동차, 학교, 건물, 집은 물론 그 안에 있던 물건과 사랑하는 가족, 친구, 이웃이 순식간에 쓸려가 버리고 말았다. 인간의 힘으로 어찌할 수 없는 자연재해의 안타까운 모습이었다. 이 재난을 통해 사람들은 깊은 상처를 받지만, 또 다른 깨달음도 얻게 된다. 집이 흔들릴 때 소중하게 사모은 물건들이 떨어져 흉기가 되는 모습은 소유에 대한 개념을 다시 되돌아보게 한다. 『퇴사하겠습니다』의 저자 이나가키 에미코는 동일본 도호쿠 대지진 때 원자력발전소가 붕괴하여 전력이 부족해지자 자발적으로 전력사용을 줄이는 일본인들의 행동 변화를 언급한다. 일본인들은 '이 물건이 나에게 꼭 필요할까?'를 검토해보며 청소기, 전자레인지, 텔레비전 등 집 안에 있는 전자제품을 하나씩 비우기 시작한다. 불편하지만 그보다 중요한 일상과 본인의 생활 그리고 삶 전반에 걸쳐 진정 중요한 것이 무엇인지 고민한다.

2011년 3월 11일, 일본의 한 마을을 덮치는 지진 해일 / 출처: 네이버 지식백과

『나는 단순하게 살기로 했다』의 저자 사사키 후미오는 작은 메모지 하나도 제대로 버리지 않고, 물건을 사 모으기 좋아하는 평범한 직장인이었다. 비우는 삶을 시작하기 전에는 가지고 있는 것보다 가지지 못한 것에 집중하니 행복하지 않았다고 고백한다. 물건을 줄이면서 어떤 것이 더 중요한 것인지 깨닫게 되고, 삶의 가치관과 소유의 목적이 바뀌어 현재는 그의 집에 있는 물건을 다 모으는데 채 10분이 걸리지 않을 만큼 가벼운 삶을 산다. 그는 끝없는 소유욕을 채우기 위해 썼던 시간, 돈, 에너지를 여행과 새로운 경험에 투자하는 것으로 바꾼 뒤 비로소 행복을 느끼고 있다고 말한다. 이처럼 시중에 나와 있는 '미니멀리스트' '비우는 삶' 도서를 찾아보면 일본인들의 변화 사례를 심심치 않게 찾아볼 수 있다. 주거공간이 한정적인 상태에서 지진과 같은 자연재해로 인해 자칫 흉기로 돌변할 수도 있는 물건의 '소유가치'를 다

시 되돌아본다. 비상시 바로 챙겨나갈 생존가방을 준비해 놓고 그 안에 들어갈 물건들을 이리저리 바꿔가며 한정된 공간에 들어갈 소중한 물건이 무엇인지 생각한다. 이 작업을 통해 중요한 것들이 무엇인지 다시 고민한다.

아이들과 정리 수업을 하며 '생존가방' 안에 들어갈 것들을 그림으로 그려보았다. 아이들의 관점에서 '생존'보다 소중한 것이 그 안에 채워졌다. 장난감, 게임기, 인형, 컴퓨터 같은 것들 말이다. 너무나 가지고 갈 것이 많아 가방 하나 가지고는 턱없이 부족했다. 하지만 생존을 위해 꼭 필요한 것들로 다시 채워보는 과정을 통해 소량의 음식, 언제나 먹을 수 있었던 물, 몸을 보호해주는 한두 벌의 옷이 소중하다는 것을 새삼 깨닫게 된다.

물질이 주는 가치는 우리 삶을 풍요롭게 하는 큰 자원이다. 하지만 그보다 더 중요한 것이 무엇인지를 잊지는 않았는지 되돌아보자. 오늘도 물건을 사 모으고 그 물건이 차지하는 공간의 비싼 자릿값을 내주기 위해 스트레스받으며 일하고 있지는 않은가? 관점을 달리하면 채움의 목표가 바뀐다. 당신의 삶은 무엇으로 채우고 있는가?

마법의 정리 액션!

Q. 당신의 생존가방에 담길 물건은 무엇인가?

A.

미니멀리즘, 미니멀라이프, 미니멀리스트

나에게 미니멀리스트인지 묻는다면 답변을 망설일 것 같다. 덜어냄과 적은 소유를 통해 최소한의 것만 가지는 삶을 목표로 하고 있으나 천천히 진행

중이기 때문이다. 현실적으로 어린 자녀들이 있는 집에서 최상의 미니멀라이프를 실천하는 것은 아직 먼 꿈일지도 모른다. 들고나는 물건의 가짓수도 많고 커가는 아이들에게 필요한 것이 생각보다 많기 때문이다. 나 또한 욕심을 어느 정도 내려놓고 한 단계씩 상황에 맞춰 실천하고 있다.

아이들에게도 '결핍'을 알려주려 한다. 물질의 풍요가 넘치는 사회지만 무엇이든 원한다고 쉽게 가질 수 있는 것이 아니라는 것을 말이다. 꼭 갖고 싶은 것이 생기면 그것을 가지기 위해 그만큼의 노력이 필요하다는 것도 알게 하려 한다. 장난감을 수시로 사주는 아이들은 싫증도 그만큼 금방 낸다. 또 다른 것을 바로 얻을 수 있는 탓에 만져보고 들여다보고 관심 가질 필요성도 덜 느끼기 때문이다. 아이들이 성장하며 이해도가 높아질수록 물질로 보상하기보다는 경험의 기회를 제공하는 것이 더욱 가치 있지 않을까? 평생을 가져가며 꺼내 볼 수 있는 원동력이 될 만한 것을 소유하고 나눠보자.

단순히 물건을 잘 치우는 정리뿐 아니라 삶의 소중한 것을 잘 분별해내는 힘을 가지는 것도 '정리'의 중요한 목표이다. 그래서 정리는 '미니멀리즘'과도 유사한 맥락이 있다. '미니멀리즘'Minimalism의 사전적 정의는 '단순함과 간결함을 추구하는 예술과 문화적인 흐름'(네이버 지식백과)이다. 불필요한 것을 버리고 근본을 들여다보는 중요한 개념이다. 이를 바탕으로 삶과 철학, 종교, 패션까지 적지 않은 영향을 주고 있다. 복잡한 사회 속에서 '단순함'이 주는 울림이 때로는 더 강하게 다가오기도 한다. '미니멀라이프'Minimal life 또한 여러 가지 다양한 해석이 있지만 단순한 비움뿐 아니라 소유의 의미를 다시 바라보고 다른 무엇인가를 얻어내는 생활방식을 말한다. 나에게 미니멀라이프는 내려놓는 작업이었다. 내려놓으니 공간이 보이고 에너지가 생기고 시간이 생겼다. 비워진 곳에 더 의미 있는 것들을 채우기 시작하니 삶의 목표와 방향도 변화가 생겨났다. 비우기 전에는 몰랐던 것들이다.

'미니멀리스트'는 아무것도 없는 극단의 삶이 아니다. 무엇이 중요한지를 알고 그것을 남기기 위해 노력하는 삶이다. 가끔 정리 수업에 처음 들어온 수강생이 "정리하면 모두 버리라고 한다던데 걱정돼요"라고 말한다. 그러나 비우는 과정은 제대로 남기기 위해 따라오는 후속 과정이다. 버리기 위해서 정리하는 것이라기보다 중요한 것이 무엇인지를 찾으면 나머지 것들이 불필요하게 느껴지게 되는 것이다. 옷도 좋아하는 옷, 자주 입는 옷을 골라내면 안 입는 옷이 자리를 차지하고 있음을 발견하게 된다. 불필요한 것들에 가려 정작 중요한 보물을 못 찾고 있지는 않은가? 제대로 비우고 제대로 채우는 삶을 그려 보자. 정리라는 삶의 도구가 그 빠른 '지름길'을 안내해 줄 것이다.

마법의 정리 액션!

Q. 비우기 힘든 것은 무엇인가? 그 이유는 무엇인가?

A.

Q. 비움의 공간이 생길 때 채우고 싶은 것은 무엇인가?

A.

Q. 내가 꿈꾸는 정리하는 삶은 어떤 모습인가?

A.

3. 버리는 게 제일 어려워요.

아름다운 추억은 바람직하다. 그러나 잊을 수 있는 능력은 위대성의 진짜 상징이다.

– 엘버트 후버드(Elbert Hubbard)

추억과 예쁜 쓰레기

우리 동네 작은 도서관에는 화훼클래스를 가르치는 플로리스트가 있다. 우아한 외모로 꽃을 다루는 모습이 참 예쁘다. 어느 날 함께 대화를 나누다 뜻밖의 얘기를 들었다. "제 별명이 뭔지 아세요? 바로 '추억의 책가방'이에요. 물건을 버리지 않고 온갖 것들을 다 모아 놓으니 찾아보면 과거가 다 나온다고 주위 사람들이 붙여준 별명이에요. 그런데 이제는 좀 벗어나고 싶어요."

언제인가부터 정리 안 되는 것이 큰 스트레스가 되기 시작했다는 그의 고민을 듣다 보니 집의 모습이 대충 그려졌다. 직업의 특성상 꽃이며 부자재의 양도 만만치 않을 텐데 과거와 현재의 물건까지 못 버리고 쌓아놓았다면 양이 만만치 않겠구나 싶었다. 내가 제공한 솔루션은 '현재 필요하지 않은 물건 처분하기'였다. 하는 일에 재료가 필요하니 새로 들어오는 것들이 많은데 과거의 물건까지도 놓지 못하고 있으니 집이 항상 복잡할 수밖에 없다는 판단이었다.

나름의 추억이 있다고 해도 그 물건 모두가 소중할 수는 없다. 어딘가에 있는 것만으로도 위안이 되는 것이 있겠지만 그런 물건이 몇 개나 될까? 남겨놓을 때 마음은 '언젠가 필요하겠지'이지만 '오지 않을 언젠가' 때문에 의미 없는 것들이 쌓여간다. 물건은 그 목적에 맞게 쓰일 때 비로소 빛이 난다.

창고에 이러저러한 이유로 쌓아놓고 쓰지 않는 물건이 많은가? 쟁여놓은 생필품과 쓰지 않는 가구, 물건, 책들로 잠자고 있는 공간이 있는가? 현재 쓰지 않으면 앞으로도 쓰지 않는다. 정리 안 되는 이유를 깔끔하지 않은 성격에서 찾는가? 그보다는 그냥 두거나 미루거나 정리 만족 경험이 없어서일 가능성이 크다.

수강생 중 한 명이 '정리는 나에게 새로운 발견'이라고 하기에 그 이유를 물었더니 "정리를 하다 보니 잊고 지냈던 물건과 계속 만나게 되네요. 안 쓰는 것을 과감히 비우기 시작하니 여유가 생기고 또 다른 새로운 나를 발견하게 되더라고요."라고 답했다. 존재조차 잊고 있던 잠자는 물건에 추억이라는 이름을 붙여 '예쁜 쓰레기'를 모시고 살고 있지 않은가?

비움이 어렵다면 사는 것부터 점검하기

캐나다에서 '미니멀 저널리스트'로 활동하고 있는 50대 일본인 후데코씨는 『일주일 안에 80퍼센트 버리는 기술』에서 '구매 후 48시간 이내에 사용한다'는 정리규칙을 제안한다. 그는 물건이 늘어나는 원인은 집에 물건이 있음에도 '새로운 것'을 쉽게 구매하기 때문이라고 말한다. 구매 전 언제 어떤 상황에서 사용할 것인지 떠올리며 신중히 구매하고 구매 후에는 적어도 48시간 이내에 사용하라고 한다. 이렇게 하면 물건이 무심코 쌓이는 일이 줄어들기 마련이다. 선물을 받거나 의도치 않게 들어온 것도 48시간 이내에 사용할 물건이 아닌 것은 비우는 작업을 거치면 숨 쉬는 쓸 만한 물건들이 공간에 남게 된다.

쇼핑할 때 드는 비용은 단순히 물건값뿐 아니라 그 물건을 사기 위해 드는 수고와 유지비용도 함께 들어간다. 무료배송을 받기 위해 당장 필요하지 않은 것을 추가로 찾아 장바구니에 담고 결국 2,500원을 아꼈다 치자. 그런데 이때 소요된 나의 노력과 시간의 가치가 훨씬 더 크다면 이익이 아니다. 나 또한 이런 쇼핑이 절약인 줄 알고 많은 시간을 검색하고 비교하는데 에너지를 쓰던 과거를 돌이켜 본다. 정작 아끼려는 비용보다 더 많은 지출을 하고 '잘했다' 스스로 합리화시키며 위안 삼았다.

현명하고 지혜로운 소비는 경제활동에도 필요한 부분이지만 잘못된 소비습관은 없는지 점검해야 한다. 결국 비워보면 얼마나 아까운 돈이 낭비되고 있었는지 반성하게 된다. 입지 않은 옷들, 심지어 상표도 안 떼고 보관만 했던 물건들, 보관공간이 부족하다며 수납 도구와 수납장을 추가로 구매하는 일이 얼마나 비효율적인지 알게 된다. 비용과 시간을 들여 물건을 사고 그 물건을 정리하기 위해 더 큰 수고를 해야 하기 때문이다.

일반적으로 '정리' 하면 떠올리는 정돈과 수납기술을 익히는 것은 다양한 정리의 목적과 방법 중 일부다. 많은 물건을 사서 쌓아놓으면서 그 물건을 반듯하게 놓는 것만이 정리의 목적은 아니기 때문이다. 하지만 많은 사람들이 정리하면 반듯한 옷 개기와 각 맞춘 양말 개기가 먼저인 것으로 착각한다. 실제로 짧은 한두 시간 특강클래스를 들으러 오는 사람들은 눈에 보이는 정리기술에 먼저 관심을 둔다. 나는 정리기술에 대한 강의를 듣기 전 정리의 필요성을 충분히 공감하고 난 후 기술을 배우라고 권한다. 도구와 기술에 먼저 집중하는 것이 아닌 관점과 습관, 나아가 전반적으로 삶에 적용할 규칙을 먼저 고려해야 하기 때문이다. 이것이 바뀌면 집착했던 것들에서 좀 더 자유로워진다. 나도 이런 경험을 통해 셀 수 없이 많은 것들이 변화되었다.

내 공간으로 들이기 전에 신중할 것, 돈을 들여 물건을 사고 돈을 들여 물건을 버리는 일이 줄어들도록 소비습관부터 살펴보자. 비움의 망설임과 죄책감에서 해방될 수 있는 현명한 정리비법이다.

빈손으로 왔다가 빈손으로 가는 삶

어느 유행가의 가사처럼 우리의 삶은 빈손으로 시작되지만 오자마자 많은 물건에 둘러싸여 살다가 다시 빈손으로 돌아간다. 세상 살아가는 동안 물건에 둘러싸여 살 수밖에 없기에 자신을 둘러싼 환경을 좋은 방향으로 만들어 가야 하고 그래서 정리가 필요하다. '정리하며 사는 삶'은 살아가는 동안도 물론이거니와 천상병의 시처럼 멋진 세상 소풍 끝나고 돌아가는 날에도 우리를 좀 더 홀가분하게 해줄 것이다.

물건과 정리의 잘못된 관점을 바꾸지 않고, 가지고 있는 것보다 '가지지 못함'을 불평하며 살 필요가 있을까? 설사 많은 것들을 가지고 있다고 해서 다 채워지지는 않는다. 인간의 소유욕에 끝이 있을까? 나에게 가장 중요한 것이 무엇인지를 모르고 산다면 계속 채우려고만 할 것이다. 내가 꿈꾸는 만족과 행복이 나의 기준인지 남이 만든 기준인지 살펴보자. 중심 없이 흔들리며 남의 기준에 맞춰 채우려다 정작 나를 발견하지 못하는 것, 슬픈 일이다.

정리는 '진정한 나를 발견하는 도구'라고 얘기한다. 나를 둘러싼 생각과 공간, 시간, 관계 등 복잡한 요소들을 정리하면 그 속에 오롯이 내가 보인다. 비워야 보인다.

비움을 생각해 볼 수 있는 멋진 그림 동화책이 있어 소개한다. 우연히 발견한 책인데 나무 그림과 비움의 메시지가 기분 좋은 울림을 준다.

사람들은 비어 있으면 이것저것 채우려고 합니다.
먹을 때도 이것저것 가득가득.
물건을 살 때도 이것저것 가득가득.
온 집안에도 이것저것 가득가득.
…이렇게 끝이 없는 욕심, 어디까지 갈까요?
그릇이 비어 있기에 맛있는 음식을 담을 수 있고,
가방이 비어 있기에 갖고 싶은 것을 넣을 수 있고,
마당이 비어 있기에 아이들이 마음껏 뛰어놀 수 있어요.
무엇이든 가득 채우면
살찌고 넘치고 힘들어져요.
그렇지만 나누고 비우면 가벼워져요.

– 곽영권 글/ 이보나 흐미엘레프스카 그림, 『비움』 중에

마법의 정리 액션!

비우기 게임

① 3×3 9칸을 만든다.

② 내가 소중하게 생각했던 것들을 채워 넣는다.
(사람은 버리기 힘드니 물건과 공간 집착하는 것들을 중심으로 적어본다.)

③ 다 채웠으면 당장 나에게 없어도 되는 것들부터 지워본다.

④ 최종적으로 한 가지만 남겨 본다.

⑤ 질문해본다. 버린 것과 남긴 것이 나에게 주는 의미는 무엇인지를.

4. 무엇을 남기시겠습니까?

'일생을 마친 뒤 남는 것은 당신이 모은 것이 아니라 당신이 뿌린 것이다.'

– 제라드 샹드리(Gerard Chaudry)

나는 무엇에 집착하고 있는가

저장강박증Hoarding disorder 증후군을 들어보았는가? 그리스 철학자의 이름을 따서 '디오게네스 증후군'이라고도 한다. 특별한 목적이나 가치 없는 것을 버리지 않고 집안 어딘가에 계속 쌓아두며 문제를 만드는 것을 가리킨다. 주변 사람들은 위생과 건강의 악영향, 불쾌한 환경을 걱정하며 말려보지만 정작 '본인이 문제라고 생각하지 않는 것'이 더 큰 문제이다. 물건이 없으면 그와 관련된 정보나 추억도 함께 잊혀진다고 여긴다. 물건을 단순히 수집하는 것과 저장강박증은 다르다. 의미 두지 않는 것들을 관리도 하지 않으면서 그로 인해 많은 것들을 잃어도 자각하지 못하는 것이 문제이다.

〈맥시멀리스트를 위한 비움 안내서〉라는 SBS 스페셜(2019.03.21) 프로그램에 '맥시멀리스트' 두 명이 출연했다. 한 사람은 스트레스 해소용 쇼핑을 습관적으로 반복해 물건에 모든 공간을 내어 주고 있고, 또 한 사람은 수집용 물건이 넘쳐나 집안 곳곳이 어지러운 상태였다. 물건을 사고 소비하는 것이 '나를 사랑하는 방법'이라고 생각했던 이들은 물건이 아닌 '진정한 나'를 발견하고 싶다고 말한다. 반대로 비우는 삶을 실천하며 다른 가치를 즐기는 '미니멀리스트'를 만나 무엇이 중요한 것인지 돌아보는 기회를 갖는다.

혹시 쓰지 않는 물건을 버리지도 않고 계속 쌓아놓고 있는가? 그 상태에서 무심코 물건을 다시 채우고 있지 않나? 가만히 들여다보면 생활하는데 생각보다 많은 물건이 필요하지 않다. 약간의 불편함만 감수한다면 여행 갈 때 채우는 여행용 가방만으로도 적지 않은 시간을 버틸 수 있지 않은가.

당신은 어떤 물건을 놓지 못하고 있는가? 물건 버리기가 힘들어 적잖이 고민하고 있다면 온라인에 있는 '저장강박증' 체크리스트를 한번 살펴보자. 무심코 한 행동들이 좋지 않은 습관을 만들고 있지 않은지 말이다.

저장강박증 자가진단

- □ 작은 것이라도 버릴 때는 큰 결심이 필요하다.
- □ 필요하지 않은 물건이라도 일단 갖고 있어 본다.
- □ 빈 공간이 있으면 더 채우고 싶다.
- □ 목적이 없이 물건을 채운다.
- □ 지저분하고 쓸모없는 것도 다른 활용방안을 고민한다.
- □ 다른 사람에 비해 상당히 물건이 많다.
- □ 때론 남들이 내 물건을 쓰레기라고 한다.
- □ 지저분해도 물건에 둘러싸여 있는 것에 안정감을 느낀다.
- □ 정작 쓰고자 하는 물건은 어디 두었는지 찾기 어렵다.
- □ 생활하는 공간이 점점 줄어들고 있다.

10개 문항 중 8개 이상 해당한다면 반드시 개선이 필요하다. 다만 정상인도 비슷한 증상을 가지고 있을 수 있고 본인의 의지와 노력으로 개선할 수 있는 여지가 있으므로 본인의 주변 환경과 정리 상태를 객관적으로 살펴보는 것이 필요하다.

어떤 것을 남길 것인가

웰리빙Well Living 만큼 웰다잉Well Dying 도 중요하다. 선물로 주어진 삶을 가치 있게 살다가 언제 갈지 모르는 생도 의미 있게 마무리해야 하지 않겠는가. 최근 고령화와 1인 가구의 증가로 웰다잉, 즉 죽음을 대하는 자세에 대한 고민과 소신 있는 실천이 또 하나의 사회 트렌드로 나타나고 있다. 소극적으로 삶을 마무리하는 것이 아니라 삶을 잘 살아내는 것도 잘 마무리하는 것도 내 몫이라 여기며 주체적이고 적극적으로 준비하는 것이다.

나이가 많고 죽음을 앞둔 사람뿐 아니라 다양한 계층의 사람들이 품위 있고 존엄하게 생을 마무리하려면 앞으로의 생을 어떻게 살아야 할지 생각해 볼 필요가 있다. 정리하는 삶을 살면 무엇이 중요하고 집중해야 할 것인지 살피게 되고 불필요한 것은 덜어내게 된다. 더 많이 가지려고 하기보다 어떤 것을 가져야 하는지 고민하게 된다. 이 연장선에서 생을 잘 마무리하고 떠날 때 무엇을 남겨야 하는지 그려보게 된다.

멕시코 기념일인 '망자의 날'을 모티브로 한 영화 〈코코〉를 보면 죽은 사람을 추억하는 다양한 이야기들이 나온다. 삶과 죽음을 통해 무엇을 남기고 누군가에게 어떻게 기억되는 것이 중요한지 다시 생각하게 된다. 이 영화를 보며 나는 할머니 생각을 많이 했다.

평소에 물건 모으는 것을 좋아하고 잘 버리지도 않으셨던 할머니. 그래도 가족들 보기에 지저분해 보이지 않도록 창고와 다락방에 물건을 차곡차곡 쌓아놓으셨다. 할머니 댁에 가면 할머니 다락방은 늘 보물창고였다. 없는 게 없었다. 가진 물건 중 괜찮고 쓸만한 물건은 얼마든지 가져가라며 모두 내주셨지만 어른들은 달가워하지 않았다. 어느 날 할머니가 갑자기 쓰러지고 몇 달 되지 않아 아무런 말씀도 못 남기고 돌아가셨다. 참 맘이 아팠다. 할머니 임종 후 엄마를 비롯한 가족들이 유품을 정리하러 할머니 댁에 갔는데 생각보다 물건이 너무 많아서 사람과 용달을 불러 많은 양의 물건을 비웠다는 얘기를 전해 들었다. 내가 비웠다고 썼지만 전부 가져다 버렸다는 게 맞는 표현이다.

자식과 손주들을 위해 차곡차곡 모아놓은 할머니의 물건들은 결국 예쁜 쓰레기가 되어 그대로 버려졌다. 당신을 위한 쓰임보다 혹시 필요할지 몰라, 언제가 쓰일지 몰라, 가족을 위해 남겨놓은 것들이 정작 그들에겐 별로 필요하지 않은 물건이었다. 웰다잉의 개념을 몰랐을 때였지만 '내가 남기는 것이 쓰레기가 되지 않았으면 좋겠다'라고 생각했다.

잘 남겨야 한다. 가격이 아닌 가치의 경중을 기준으로 버리고 또 남겨야 한다. '기억되고 싶은 나'의 모습을 그려보면 오늘을 어떻게 살아야 하는지 전과는 다른 관점이 생긴다. 나 또한 계속 고민해본다. 무엇을 남기고 비워야 아쉬움이 덜할까 말이다. 다른 방법으로 바뀔지도 모르지만, 현재는 물건보다 '기록'에 관심을 두고 있다. 어제보다 더 나은 삶을 꿈꾸는 정리, 그리고 사랑하는 사람들에게 다 전하지 못한 마음의 온기를 남기고 싶어 글을 쓰고 그려본다. 당신은 어떤 것을 남기겠는가?

마법의 정리 액션!

Q. 지금 나에게 가장 소중한 물건은 무엇일까?

A.

Q. 사랑하는 가족에게 남기고 싶은 물건은 어떤것일까?

A.

Q. 오래가는 가치로 채울 수 있는 것은 무엇일까?

A.

5. 비우지 못하는 사람들의 변명 7가지

나도 잘 버리지 못하는 사람이었음을 고백한다. 눈에 거슬리고 비워야 하는 대상임을 알면서도 덜어내는데 많은 시간과 결단이 필요했다. 남들 눈에는 가치 없어 보이더라도 다양한 이유로 남겨야 하는 이유를 만들어 냈다. 하지만 정리의 필요성을 배우고 실천하며 쾌적한 만족감을 경험하고 나서부터는 비우지 못할 변명이 아닌 비워야 할 이유를 찾게 되었다. 그래서 정리할 때 관점의 변화가 중요하다. 비움이 망설여질 때 비움을 방해하는 요소가 무엇인지 먼저 살펴볼 필요가 있다. 같은 환경에서도 내 생각과 행동이 변화되기 때문이다. 많이들 어려워하는 비움의 방해요소, 즉 변명의 이유를 들여다보며 나는 어떤 이유로 비움을 실천하지 못하는지 살펴보자.

못 버리겠다. 그 이유는?

① 언젠가 쓸지 몰라서

② 구매 비용이 아까워서

③ 추억이 있어서

④ 가족들이 못 버리게 해서

⑤ 귀찮아서 미루다가

⑥ 어떻게 비우는지 몰라서

⑦ 비움의 기준을 찾지 못해서

변명1. 언젠가 쓸지 몰라서

Q. 정리 질문: 현재 필요한 것인가?

언제 올지 모르는 미래의 어떤 상황을 대비해 물건을 쌓아두고 살기에는 우리 삶에는 변수가 많다. 유행도 변하고 더 편리하고 좋은 제품이 계속 나온다. 그 언젠가가 곧 예측될 수 있는 범주 내에 있다면 모를까, 물건이 멀쩡하다는 이유로 오지 않은 시점을 대비해 물건을 쟁여놓지 말자. 지금 안 쓰는 물건은 그 언젠가도 쓰지 않을 가능성이 크다. 현재 필요한 물건인지 질문하라.

변명2. 구매 비용이 아까워서

Q. 정리 질문: 정리를 하지 못해 더 큰 비용이 낭비되고 있지 않은가?

정리를 잘하려면 물건을 들일 때 신중해야 한다. 돈 들여 사놓고 여러 가지 이유로 쓰지 않는다면 그 물건의 가치는 계속 떨어진다. 역사적 의미가 있는 보물처럼 오래 두어 가치가 올라가는 물건을 가지고 있는가? 그렇지 않다면 대부분의 물건은 구매하는 순간부터 가격이 내려간다. 최초 지불한 비용이 비움의 발목을 잡고 있다면 그것을 비우지 못해서 생기는 기회비용을 생각해보자. 정리하지 못해 알게 모르게 뺏기는 자신의 귀한 에너지부터 그 물건이 차지하는 비싼 공간, 또 그 물건으로 인해 다른 물건이 들어오지 못하는 순환의 방해까지 더 많은 비용이 빠져나가고 있는지 모른다. 또한 좋은 물건이 집에 있다면 먼저 사용하자. 시간이 지나면 좋은 물건도 '헌 물품'이 되어버린다. 물건을 잘 쟁여놓는 것이 물건을 아끼는 것이 아님을 잊지 말자.

변명3. 추억이 있어서

Q. 정리 질문: 물건을 목적에 맞게 쓰고 있나?

추억은 소중한 자산이다. 특히 행복한 추억은 삶의 원동력이 되기도 한다. 그런데 이 추억을 물건과 연결해 비움을 방해하는 경우를 본다. 졸업 후 적지 않은 시간이 흘렀을 '전공 서적'을 추억이란 명목으로 가진 사람들을 심심치 않게 보았다. 학문이란 발전하고 변화된다. 특별한 경우를 제외하고는 2~30년 전 전공 서적을 통해 정보를 취득할 일이 생기지 않기에 전공 서적은 대학 시절을 떠올리는 도구 그 이상도 그 이하도 아니다. 책의 역할을 할 수 없을 때는 '비움 후보'가 된다. 보지 않는 두꺼운 책을 꽂아 두느라 책장이 늘 비좁지는 않은가? 추억이라는 핑계로 비움의 발목을 붙잡고 있는 것들이 없는지 살펴보자.

변명4. 가족들이 못 버리게 해서

Q. 정리 질문: 비우지 못하게 하는 원인을 알고 있나?

이 변명은 본인이 최종의사결정을 할 수 없는 때도 있기에 다른 것보다 쉽게 해결하기 어려울 수도 있다. 정리를 실천하고 너무 좋아서 집안의 모든 물건을 정리하기 시작한 한 수강생이 있었다. 본인의 물건은 기준을 가지고 차근차근 정리하기 시작했는데 정작 가족의 물건을 정리하는 데 한계가 있었다. 남편도 아이들도 자신의 물건은 무조건 버리지 말라고 손사래 치는 바람에 고민이 많았다. 마음 같아서는 몰래 가져다 버리고 싶겠지만 더욱 반발이 생길까 봐 그렇게 할 수도 없었다.

이때는 먼저 그들이 왜 비우지 않으려는지 원인을 파악해 볼 필요가 있다. 정리를 잘하면서 소수의 물건에 손대지 못하게 하는 경우는 그래도 나은 편이지만 정리하지 않으면서 비우는 분류작업까지 못 하게 한다면 가족 성향에 맞춰 다양한 시도를 해 보자. 자주 쓰는 물건을 먼저 고르게 하고 그렇지 않은 물건은 다른 박스에 담아 1주일 정도 유예기간을 두어보는 것이다. 그 후에도 필요할 땐 꼭 필요한 물건만 다시 가져오게 한다. 즐거워야 할 정리가 가족이 다투는 원인이 되지 않도록 시간이 좀 걸리더라도 개선하는 방법을 찾는 지혜가 필요하다. 정리는 한번 하고 끝나는 이벤트가 아니라 평생 해야 하는 습관이다.

변명5. 귀찮아서 미루다가

Q. 정리 질문: 점점 더 많이 쌓이는 모습이 보이는가?

'게으름'은 인간의 본능이다. 하지만 당장의 안락함을 추구하며 미루다 할 일을 제대로 하지 못해 더 큰 대가를 치르기도 한다. 정리와 비우기도 마찬가지이다. 미루면 더 하기 싫어지고 해야 할 일이 늘어나니 물건은 여기저기 계속 쌓여간다. 그때그때 불필요한 것들을 덜어내고 이곳만은 매일 정리를 하겠다 하는 '클린 스팟 Clean spot'에 잠깐의 시간을 투자해 본다. 제한된 마감 시간이 있으면 집중력이 높아지는 '마감효과'를 활용해 정리속도를 높이는 것도 방법이다. 비우기 할 때 제한된 시간을 정해놓고 분류 판단을 빠르게 할 수 있도록 스스로 통제해보자. 이 핑계 저 핑계로 미루는 비우기의 판단기준이 좀 더 과감해진다.

변명6. 어떻게 비우는지 몰라서

Q. 정리 질문: 배출, 판매, 기부를 활용해 보았는가?

비움을 위해 멀쩡한 물건을 바로 쓰레기통에 넣는 일은 쉽지 않다. 그래서 '일단 두자' 하고 쓰지도 않을 물건을 빼지 않게 된다. 그럴 땐 정리의 분류단계를 3가지로 나눠본다. 첫 번째는 계속 쓸 물건, 두 번째는 아깝지만 쓰지 않을 물건, 세 번째는 배출할 물건이 되겠다. 두 번째 단계의 '쓰지 않을 물건'은 다시 집어넣는 것이 아니라 다양한 방법으로 집 밖으로 빼는 것이 비움 실천의 관건이다. 내가 이 단계의 물건을 주로 활용하는 방법은 판매와 기부이다. 멀쩡한 물건을 버린다는 죄책감도 덜하고 내가 쓰지 않는 물건이 다른 사람에게 가치 있게 쓰인다면 친환경으로도 의미가 있다. 이 생각을 가지면 비울 때 좀 더 가볍게 실천할 수 있다. 기부와 잘 팔리는 중고거래 팁은 뒷장에 조금 더 자세히 다뤄보겠다.

더 이상의 쓰임이 없이 배출하는 세 번째 단계의 물건 중 부피가 크거나 어떻게 버려야 할지 몰라서 미루는 경우도 있다. 대표적으로 이불이나 카펫, 인형, 신발 등은 종량제 봉투 혹은 부피에 따라 대형폐기물로 별도로 신고해야 한다. 유리의 경우 일반유리는 '유리류'로 분류해서 배출하고 내열유리나 부피가 큰 경우 마트나 편의점에서 별도 판매하는 불연성 마대에 버려야 한다. 돈 주고 사서 돈 주고 버리는 경험을 해보면 참 아깝다는 생각이 든다. 덜 사고 덜 버려야겠다는 작은 다짐도 하게 된다. 혹시 이런 일이 번거로워 또 미루지 않도록 정기적으로 배출하고 기부하고 판매해보자. 어떻게 버릴지 헷갈릴 때는 생활폐기물처리 및 재활용 규정집(환경부)을 참고하자.

변명7. 비움의 기준을 찾지 못해서

Q. 정리 질문: 물건과 스스로에게 객관적으로 질문해보라.

가지고 있는 물건이 다 좋아하는 물건인가? 이런저런 이유로 내 영역으로 들어오긴 했으나 남들 다 사니까 무심코 소유하게 된 것들인지 찬찬히 들여다보자. 없어도 알아채지 못할 만큼 이제는 존재감이 없거나 비슷한 것이 여러 개여서 대체될 수 있는 것들도 꽤 많이 있다. 얼마 전 주방에 있는 냄비와 주전자를 정리했다. 계속 비워오던 터라 양이 많지 않다고 생각했는데 싱크대 깊숙이 안전하게 있는 것들까지 모두 꺼내 보니 비슷한 크기의 냄비가 여러 개였다. 심지어 한 번도 쓰지 않은 전골냄비도 있어서 쓸 만한 것들은 추려서 모두 기부했다. 그리고 딱 필요한 것들만 겹치지 않게 두었더니 서랍 한 칸이 시원하게 비었다. 덕분에 설거지 후 제자리 정리하기가 훨씬 수월해졌다. 거품을 줄이면 꼭 필요한 것만 남게 된다. 남아 있는 것들이 더 소중해진다.

비움이 어려울 땐 작은 영역부터 비워보자. 다시 물건을 채우고 싶은 마음이 들지 않는다면 다른 곳은 조금 더 수월하게 비울 수 있다. 비움도 기분 좋게 전염된다.

6. 비움 위한 질문과 비움 박스

물건을 가지고 있는 나에게 묻다

비워보면 안다. 얼마나 불필요한 물건을 안고 살고 있는지. 비움으로 인해 확보되는 여유 공간 또한 꽤 뿌듯하다. 그런데 막상 비우려니 쉽지 않다. 앞서 살펴본 다양한 이유 혹은 핑계로 비움을 미루고 있었다면 객관적인 '질문과 비움박스'로 조금 더 과감하게 눈에 보이는 비움을 실행해보자. 비워내기 망설여지는 물건이 있다면 다음과 같이 질문해보자.

1) 현재 이 물건을 필요로 하는가?

현재 사용 목적이 있는 것이 아니라 언젠가 쓸 일이 있지 않을까 싶어서 두는 물건은 꺼내지 않을 확률이 높다. 지금 비우고 나중에 다시 필요한 일이 생긴다면 그때 다시 더 개선된 것을 사는 게 낫다. 그편이 물건을 안고 있는 스트레스와 기회비용보다 경제적이다.

2) 이 물건을 몇 개 가지고 있는가?

조금 더 할인된다는 이유로 한꺼번에 여러 개를 사놓고 모셔두지는 않는가? 동네마트에서 '1+1 세일' 할 때 샀던 애호박을 한 개만 먹고 한

개는 상해서 버렸다. 결국 하나 값을 더 비싸게 주고 산 셈이다. 현명하게 소비하려면 필요한 물건만 제때에 사야 한다.

3) 이 물건이 차지하는 공간은 얼마나 되는가?

집의 주인은 물건이 아닌 사람. 쓰지 않는데 공간만 차지하고 있지 않은지 살펴보자. 혹은 쓰는 물건이라 하더라도 사용시간보다 보관시간이 더 길면 위치를 옮겨 활용공간을 확보해 보자. 정리가 안 되는 이유 중 하나를 대부분 '공간부족' 탓으로 돌리는데 쓰지 않는 물건만 치워도 2평 이상 넓어진다. 이사할 때부터 거기 있었으니 건드리지 않고 두기도 한다. 덩치 큰 가구나 가전을 조정하는 것은 쉽지 않은 일이지만 가만히 살펴보면 자리만 차지하고 있는 것들이 많다는 것. 사진을 찍어서 보거나 한걸음 뒤로 물러나서 살펴보자.

4) 다른 사람에게도 이 물건을 추천하고 싶은가?

사용 후 좋은 물건은 다른 사람에게 추천 하고 선물도 하게 된다. 반면 추천하고 싶지 않은 물건도 꽤 된다. 나와 맞지 않는다고 생각하는 물건이라면 비움 대상이다.

5) 이 물건을 용도에 맞게 잘 사용하고 있는가?

식탁 앞 의자가 앉을 수 없게 옷 거치대로, 운동기구는 빨래 건조대로 쓰고 있지는 않은가? 구매 목적대로 쓰지 않는다는 것은 그 물건의 기회비용을 엉뚱하게 쓰고 있다는 뜻이다. 제대로 쓰지 않는 물건으로 공간을 낭비하지 말자. 혹은 사용할 물건이라면 주변 정리를 해서 물건의 기존 목적대로 써야 한다. 가령 각종 물건을 올려두는 선반 대용으로 식탁을 사용하고 정작 식사는 서서 하거나 상을 펴야 하는 집을 방문한 적이 있다. 정리 후 식탁을 함께 식사하는 용도로 회복시켜주니 가족들과 대화가 늘었다고 즐거워했다. 현재 소유하고 있는 물건들이 잘 쓰이고 있는지 판단해보자.

6) 나의 가치를 떨어뜨리는 물건은 아닌가?

집에서라도 입겠다며 늘어진 옷, 얼룩진 옷을 그대로 가지고 있지는 않은가. 제때 비우지 못해서 짐이 되거나 은연중에 나의 가치를 떨어뜨리고 있는 것이 없는지 점검해보라. 살 때 비용이 아니라 현재의 가치가 더 중요한 판단 기준이다.

7) 다시 이 물건을 사고 싶을 만큼 만족하는가?

쓰다 보면 더욱 정이 가는 것이 있는 반면 불편하고 쓰지 않는데 방치하는 물건도 있다. 의류도 관심 있게 살펴보면 본인이 선호하는 브랜드나 소재, 패턴이 보인다. 가전의 경우에는 업그레이드되는 시리즈가 있는데 꾸준히 구매하게 만드는 물건이 있다(삼성 휴대전화 '갤럭시 노트 시리즈'가 나에게는 그랬다). 나는 옷이나 잡화 등 패션 관련 브랜드는 크게 신경 쓰지 않는 편이지만 기존에 가지고 있는 것들과 어울림이나 소재 등을 보며 신중하게 고르려 한다. 계획 없이 충동구매한 제품들은 아무래도 오래 쓰지 못하고 실패할 확률이 높다. 그렇게 구매만 하고 쓰지 않는 물건이 없는지 살펴보자.

8) 추억이란 이름으로 물건을 붙들고 있지는 않은가?

얼마 전 대학교 졸업앨범을 정리했다. 나와 친구들, 그리고 담당 교수님이 나와 있는 몇 장의 사진 빼고는 볼일도 없고 결정적으로 무겁고 두꺼운 앨범이 꽤 많은 자리를 차지하고 있었다. 추억이란 이름으로 가지고 있는 많은 물건 중 실제 들춰보는 것이 얼마나 될까? 설레는 소중한 추억이 담긴 물건이라면 자주 꺼내 볼 수 있는 구조를 만드는 것이 좋다. 그렇지 않은 것들은 치워도 큰 영향이 없다. 존재 자체도 잊고 있을 가능성이 큰 탓이다.

9) 이 물건이 없었을 때 나에게 주는 불편함이 있는가?

없으면 불편할 것 같지만 막상 치워보면 기억도 나지 않는 것들이 집안에 가득하다. 꺼낼 엄두가 나지 않아서 대부분 그렇게 내버려둔다. 애매하다면 일단 빼보고 너무 불편하다 느낄 때 다시 추가해 보는 전략을 써보자.

10) 이 물건이 땀 흘려 번 돈을 지불한 만한 가치가 있는가?

미니멀 라이프를 실천하는 사람이 느끼는 공통점 중 하나는 '물건을 사기 위한 목적으로 돈을 벌고 쓰는 일이 줄었다'는 점이다. 남과 비교하며 가지지 않은 것들을 끊임없이 사려고 하지 않았는지 되돌아보자. 정리를 하다 보면 불필요한 소비가 많았다는 것을 여러모로 깨닫게 된다. 나의 가치를 높이기 위해 꼭 필요한 것이 무엇인지 지속해서 묻고 점검해보자.

'비움박스'에 담기

마법의 정리 4단계(꺼내기>분류하기>자리 잡기>유지하기) 중 두 번째인 '분류하기'를 잘하면 효과적으로 '유지'가 가능하다. 일본의 유명한 정리전문가 곤도마리에는 '설레지 않으면 버리라'고 한다. 좋은 방법이다. 그런데 설레는 건지 아닌지조차도 제대로 구분되지 않는 경우가 많다. 물건의 양이 점점 많아지면 '비움의 판단' 역시도 크나큰 숙제가 되어버린다. 들이기는 쉽지만 내보내는 것이 어렵다면 들이기부터 신중해야 한다. 처음은 어렵지만 제대로 남길 때까지 비운다는 생각으로 하나씩 용기 있는 결단을 해보자. 반복하다 보면 남기고 비움의 판단시간도 빨라진다. 고민될 때 쓰는 좋은 방법은 '비움박스'이다.

물건을 들어 바로 쓰레기봉투에 넣기가 망설여질 때 비움박스를 써보자. 위에 제시한 '비움의 질문'을 통해 전체적인 물건의 상태와 대상을 파악해보고 해당 공간에 있는 물건을 모두 꺼낸 후 ①잘 쓰임(수납) ②보류(비움박스) ③안 쓰임(버리기)의 중간쿠션을 두면 망설임을 줄일 수 있다. 혹은 가족들이 본인의 물건을 못 비우게 할 때도 물건을 일단 보관 장소에서 빼낼 수 있어서 유용한다. 결국 비움박스의 목적은 일단 현재 머무르고 있는 공간 밖으로 빼보는 것이다. 이후 기부나, 판매, 드림 등을 통해 다양하게 쓰이므로 효과적인 비움을 경험해보면 비움의 판단에 속도가 붙게 된다. 이 절차가 번거롭고 복잡하게 느껴지면 함부로 사지 않게 되니, 이 점이 오히려 궁극적인 성과가 될 수도 있다.

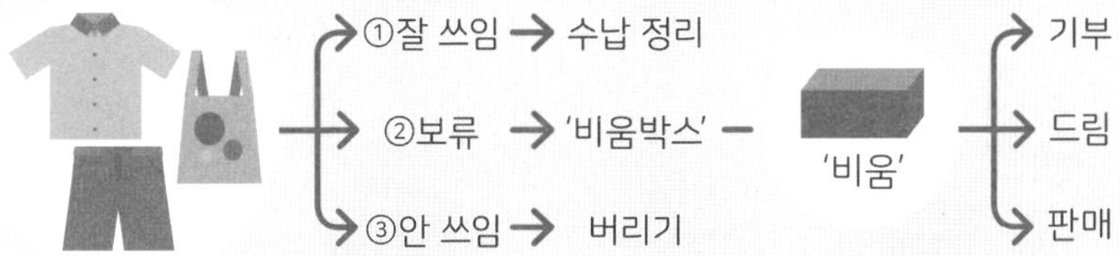

비움 박스 활용

7. 물건 잘 보내주기 - 중고거래와 나눔

물건의 가치 이어주기, 중고거래

최근 지역행사나 마을 축제를 할 때 빠지지 않고 등장하는 주요 이벤트 중 하나가 '벼룩시장' 혹은 '플리마켓flea market'으로 불리는 개인 간 중고거래장터이다. 어른뿐 아니라 아이들까지 가족 단위로 본인이 쓰던 물건을 가지고 나와 저렴한 가격으로 판매한다. 구경하며 알뜰하게 구매하려는 사람들과 거래하며 유쾌한 시장이 형성된다. 오프라인뿐 아니라 온라인에서도 상시로 중고 시장이 활성화되어 가고 있다. 중고거래는 남이 쓰던 물건이라는 편견을 깨고 필요한 물건을 합리적으로 구매하는 또 하나의 채널로 자리 잡고 있다.

이러한 현상은 정리 차원에서 꽤 반가운 일이다. 판매할 물건을 고르기 위해 자연스럽게 집 안 구석구석을 탐색해 볼 기회를 찾고 덕분에 정리 기회도 얻을 수 있기 때문이다. 크지 않아도 판매이익까지 얻을 수 있다. 판매해 보면 '물건을 함부로 사지 말아야겠다'는 생각도 하게 된다. 생각보다 저렴한 가격에 판매해야 구매자들이 관심을 가지니 끌어안고 있던 물건의 가치도 깨닫는다. 나아가 환경 보호 차원에서도 물건이 버려지지 않고 누군가에게 다시 쓸모 있게 활용되니 의미 있는 일이다. 그래서 정리하다 보면 자연스럽게 환경문제에도 관심이 생긴다. 나 스스로 쓰레기 만드는 일을 최소화하고 사용하는 물건이 가지고 있는 친환경 요소도 들여다보게 된다. 이같이 다양한 장점이 있는 중고거래를 조금 더 수월하게 할 수 있는 요령을 알아보자.

야무지게 거래하는 '중고거래' 팁

판매할 때

1) 깨끗하게 정비하고 닦아서 팔기

한때는 자기 소유였던 물건에 고마움을 표시하고 '새 주인 만나서 더 잘 쓰이길' 하는 마음으로 세탁하거나 먼지를 닦고 알코올 스프레이를 한다. 물건 판매 시 이 부분을 명기해주면 물건의 가치와 구매자의 만족감을 높여주는 좋은 정보가 된다.

2) 평균 판매가 보다 3~5% 정도 저렴하게 팔기

판매가를 결정하기 어려울 때는 중고거래 사이트에서 같은 물건을 검색해 본다. 구매시점이나 출시년도, 상태에 따라 차이가 있겠지만 어느 정도 비슷한 가격대가 형성되어있기 때문에 평균 판매가 보다 5% 정도 낮추어 팔면 거래속도가 빨라진다. 같은 물건이 없을 때는 기존 구매가 또는 현재 판매가 같은 근거를 함께 보여준 후 30~40% 할인된 가격을 제시하면 된다.

3) 사진과 설명(크기, 색상, 오염 여부) 꼼꼼히 올리기

온라인의 경우 판매자가 올린 사진과 글 정보를 보고 의사결정 하므로 최대한 상세하게 올리는 것이 좋다. 정보가 충분하면 추가 질문이 적어 덜 번거롭고 나중에 생길지 모르는 분쟁을 줄일 수 있다. 또한 꼼꼼히 표기한 정보에서 느껴지는 판매자의 친절함이 구매 결정을 돕기도 한다.

4) 서로 불편하지 않을 사항 공지해주기

연락방법은 어떻게 할 것인지, 직거래 시 가능한 시간은 언제인지, 필요한 사항을 정확히 명기해준다. 택배의 경우 택배비 포함 여부, 보내는 방법을 사전에 고지하면 좋다. 문제가 있다면 환불해 주어야겠지만 단순변심으로 인한 반품은 하지 않도록 사전에 표기해주는 것도 방법이다.

5) 과거 판매기록 잘 남겨서 신뢰도 높이기

'당근'이라는 지역 중고 거래앱은 판매자 후기, 응대 매너에 따라 '매너온도'라는 판매지수를 보여준다. 과거 거래 기록이 신규 구매자에게 신뢰감을 주는 좋은 요소가 되기 때문에 지우지 말고 남겨두는 것도 방법이다. 다른 중고거래 사이트에서도 신뢰도를 높이는 기록은 남겨놓는 게 좋다.

구매할 때도 좋은 판매자를 선별하는 것이 필요하다. 앞에서 설명한 것을 잘 적용하고 있는 판매자를 찾아보고 구매할 때 주의사항도 살펴보자.

구매할 때

1) 되도록 직거래하기

구매할 때는 가능하면 물건을 보고 직접 사는 것이 좋다. 시간과 공간의 이유로 택배거래를 해야 할 때는 대부분 선불을 요구하므로 믿을 만한 판매자인지 검증해봐야 한다.

2) 택배 거래 시 물건 위에 계좌번호 메모하고 찍은 사진 전송 요청, 에스크로 이용

간혹 악의적으로 물건값만 가로채는 허위매물이 올라오는 경우도 있다. 이를 방지하기 위해 몇 가지 안전장치가 필요하다. 거래사이트에서 제공하는 에스크로escrow(구매자가 보낸 물건값을 업체가 가지고 있다

가 거래완료 후 판매자에게 보내주는 형식) 결제를 이용하거나 금액이 고가일 경우 수령 전 일부, 수령 후 나머지를 송금하는 방식을 협의하는 것도 방법이다. 정직한 판매자라면 이 부분도 기꺼이 수용한다. 양쪽 다 위험성을 나눠 가지는 일이기 때문이다. 또 한 가지 추천하고 싶은 방법은 판매하는 물건 위에 손으로 쓴 계좌번호와 전화번호를 메모한 후 사진을 찍어 보내달라고 한다. 물건의 소유 여부를 확실히 파악하는 방법이다.

3) 판매자의 기록, 후기 꼼꼼히 보기

앞서 판매 요령에서 전한 것처럼 구매할 때도 판매자의 이력을 살펴보아야 한다. 신규 등록일 수도 있지만 가입 후 처음 올라오는 물건이거나 거래기록이 없는 것들은 주의하자. 또한 과거기록에서 댓글 응대는 어떻게 하고 있는지 어떤 물품을 팔고 있는지 살펴본다. 직접 연락할 수 있는 전화번호나 문자가 아닌 메신저 연락처만 공개한 것들도 주의 대상이다.

4) 싸다고 충동구매하지 않기

중고거래에 저렴한 가격의 물건이 많이 올라오므로 판매하러 들어왔다가 충동구매하는 경우도 종종 본다. 정리를 잘하기 위해 판매하는 것을 목적으로 들어왔다면 구매는 신중하게 생각하고 또 생각하라. 그리고 잘 팔리는 물건인데 다른 물건보다 현저하게 싸다면 그것도 의심해봐야 한다.

5) 물건을 드림 받을 땐 작은 선물(과자, 과일 등) 건네주며 예의 표시하기

물품을 정리하다 보면 좋은 마음으로 필요한 사람에게 드림을 하게 되는 경우도 생긴다. 반대로 드림을 받는 경우에는 과자나 과일 몇 개라도 감사의 표시를 하는 것이 좋다. 나누는 사람과 물건에 대한 작은 예

의를 갖추면 거래가 더 즐거워진다.

택배 보내는 팁

1) 포장은 꼼꼼히

한번은 택배로 구매자에게 냄비를 보낸 적이 있는데 도착 후 열어보니 손잡이가 부러져 있다고 항의하였다. 단단한 물건이라 최소한의 완충제만 넣어서 보냈는데 배송되면서 파손 되었나 보다. 사진을 찍어 올릴 때는 멀쩡한 상태였기 때문에 의도되지 않음을 확인시켜주고 일부 금액을 돌려주었다. 이후로는 더욱더 단단한 박스에 완충제도 충분히 넣어서 파손의 가능성을 낮추려고 한다. 또한, 발송 당시 택배 박스의 사진도 '인증샷'으로 찍어 놓는다.

2) 발송 시 선불, 착불 가격 차이 확인

택배비를 부담하고 물건을 받을 때 배송비 선불이 조금 더 저렴하고 받을 때도 편리해서 선호한다. 물건값에 택배비를 감안하여 산정하고 비용을 나눠서 부담하는 것을 제안하는 것도 좋다.

3) 편리한 택배 발송 방법

가벼운 물건의 경우 편의점 택배가 거점이 많아서 좋고 무거운 택배의 경우는 예약 후 직접 기사가 수거하는 방문 택배가 편리하다.

① 방문택배: '택배 파인더' 앱 통해 예약, CJ 택배, 한진택배 ~25kg까지 수거 가능

② 편의점 택배: 근처 편의점에서 직접 무게 측정 후 발송 가능

③ 우체국 택배: 박스구매 가능, 전국 빠른 배송

나눔

기부를 통해 따뜻한 마음을 나누는 방법도 있다.

아름다운 가게 / 복지관 / 가정 입양원 / 종교단체 등 근처 기부처를 통해 물품을 기부할 수 있다. 보낼 때는 세탁을 하거나 깨끗이 닦아서 받는 사람이 좋은 선물로 느끼도록 해주는 게 좋다.

쓸만한 물건이 다른 사용자에게 또다시 가치 있게 쓰일 수 있는 나눔, 중고 거래를 실천해보자. 물건을 정리하며 따뜻한 마음을 전할 수도 있고 거래를 통해 현금화하는 재미와 기쁨이 쏠쏠하다. 꼭 필요한 물건만 남기면 정리하기도 수월해진다.

6장

셀프정리 꿀팁 10

마법의 정리 액션!

행복한 셀프정리 꿀팁10

① 하루 2번 7분씩 정리 시간 갖기

② 시간은 돈, 타이머 활용하기

③ 물건과 생각에 집 만들어주기

④ 수납도구, 수납공간 확장은 신중하게 하기

⑤ ~할 때 ~정리하기

⑥ 적고, 머릿속 비우기

⑦ 정리 상태 사진 기록하기

⑧ 현관 비우기 습관 만들기

⑨ 정리 목적 기억하기

⑩ in and out, 좋은 흐름 만들기

① 하루 2번 7분씩 정리 시간 갖기

운동도 공부도 습관이 되어야 효과가 나타나듯 정리도 마찬가지이다. 아침에 일어나서 7분, 잠들기 전 7분 규칙적으로 정리해 보자. 하루를 마무리하는 기분으로 편안하게 잠자리에 들고, 눈을 뜬 후에는 정리된 공간을 보며 기분 좋은 아침을 맞이할 수 있다. 처음에는 조금 더 시간이 걸리겠지만 자주 하다 보면 5분 이하로 시간이 줄어든다. 정리 시간을 늘리는 것이 아니라 짧은 시간으로 유지를 잘하는 것이 중요한 목적이다.

마법의 정리 액션!

아침 정리	설거지 후 물기 마른 것 제자리에 돌려놓기, 침구 정리하기, 클린 스팟 먼지 닦기
잠들기 전 정리	클린스팟 치우기, 바닥에 놓인 물건 제자리 돌리기, 불필요한 전원 끄기

* 클린 스팟: 공간의 목적에 맞게 규칙적으로 정리하여 깔끔함을 유지하는 공간. 목적이 다른 것들이 뒤섞이지 않도록 관리하는 것이 포인트. 식탁, 아일랜드 식탁, 책상, 현관 外

② 효과적으로 정리하고 싶을 때 타이머 활용하기

정리할 때 생각보다 많은 시간이 소요되는 것 같다면 시간을 측정하는 '타이머'로 목표 시간을 설정하고 움직여보자. 정리하다가 휴대전화 보고, 오래전 물건을 보며 '추억'에 잠겨 하염없이 지연되는 시간을 줄일 수 있다. 손님 맞을 시간이 많지 않거나 빠르게 정리해야 할 때 '정리집중력'이 올라간다.

평소에도 정리할 때 목표 시간 타이머를 설정해 놓으면 스스로 '마감효과'가 발휘되어 시간 효율성이 상승한다. 또한, 타이머를 설정해 놓으면 해당 공간을 정리하기 위해 평균적으로 필요한 시간을 측정할 수 있다. 이를 바탕으로 정리에 투입해야 할 시간을 역으로 계산해 볼 수 있다. 물건을 제자리에 놓고 청소기를 돌리는 시간이 평균적으로 20분 정도 걸렸다면 외출하거나 손님을 초대할 때 필요한 시간도 계획해 볼 수 있다. 실제로 하다 보면 목표 시간과 다소 차이가 있을 수 있지만, 계획된 시간 안에 주도적으로 정리할 수 있다는 만족감이 생긴다. 매일같이 선물 받는 24시간을 어떻게 의미있게 보낼 것인가 고민하면 해야 할 것과 하지 말아야 할 것이 보인다. 타이머와 같은 도구를 활용해 시간을 주도적으로 관리해보자.

③ 물건과 생각에 집 만들어주기

제자리가 있는 물건, 우선순위가 정해진 생각은 정리하기 수월하다. 물건을 쓰고 아무 곳에 놓거나 복잡한 머릿속 생각을 우선순위 없이 처리한다면 시간을 들여 정리해도 효율성이 떨어진다. 열심히 정리했는데 유지가 안 된다는 사람들은 크게 두 가지가 제대로 되어있지 않을 가능성이 크다.

첫째, 물건을 제대로 분류하지 않아 쓰지 않는 것들과 섞여 있는 경우이다. 이 경우 원하는 것을 찾는 시간도 오래 걸리고 깔끔하게 유지하기도 쉽지 않다. 둘째, 연관된 물건끼리 모으는 '연관수납'을 하지 않거나 빠르게 찾아서 쓸 수 있도록 '원터치수납'을 하지 않은 경우이다.

임기응변으로 대충 치우면 정리를 해도 오히려 불편할 수 있고 재고 파악이 제대로 되지 않아 시나브로 물건이 늘어나게 된다. 반면 쓸 만큼의 물건이 제대로 된 공간에 자리 잡고 있다면 사용 후 다시 제자리에 돌려주는 수고만으로 정리를 마칠 수 있다. '정리의 시스템화'가 되면 작은 수고와 짧은 시간으로 '모두 제자리'가 가능해진다. 생각도 마찬가지이다. 머릿속에 있는 수많은 생각들을 꺼내 놓고 우선순위별로 분류해주면 생각이 구조화된다.

먼저 생각해야 할 것과 그렇지 않은 것들을 나누고 중요한 일부터 처리하는 게 순서이다. 인지심리학자인 대니얼 J. 레비틴은 『정리하는 뇌』에서 이렇게 분류작업을 체계화하여 효율성을 높이는 것을 '범주화'라고 표현했다. 머릿속 생각, 걱정바구니를 나눠서 정리해보자. 불필요한 시간이 낭비되는 요소를 줄이고 효율성이 높아지는 경험을 할 수 있다.

④ 수납 도구, 수납공간 확장은 신중하게 하기

'물건 넣을 공간이 부족하니 수납장을 사야겠어요. 정리할 때는 바구니가 필요하다던데 일단 수납 도구부터 좀 사둬야겠어요.' 이런 식으로 제대로 정리하려고 마음먹고 하는 일이 다시 물건을 늘리는 일이 되면 안 된다. 수납공간과 수납도구는 마법의 정리 4단계 중 1~2단계인 꺼내기와 분류하기를 마친 후 남긴 물건의 효율적인 수납을 고려하여 구매해야 한다.

1단계. 꺼내기	정리를 원하는 곳의 물건 모두 꺼내기
2단계. 분류하기	남길 것, 버릴 것, 판매나 기부할 것으로 물건 나누기
3단계. 자리 잡기	쉽게 꺼내고 돌려놓는 제자리 만들기 – 해당 단계에서 수납도구 결정
4단계. 유지하기	최소한의 시간으로 정리 유지하는 것을 목표로 하기

이와 같이 2단계 작업이 끝난 후, 최소한의 양으로 준비해도 늦지 않다. 정리하지 않은 상태에서 무턱대고 수납도구를 사면 수납도구에 물건을 맞추는 이상한 정리가 되어 버린다. 또한 어설프게 수납공간을 꾸리면 오히려 물건

도 공간도 복잡해진다. 옷걸이의 경우도 옷 정리 후 제대로 남긴 옷의 수량과 일부 여분을 감안하여 준비하면 되는데 정리하지 않은 상태에서 구매하면 더욱 많은 양이 필요하게 된다. 수납공간과 도구를 들이는 것은 최소한으로 신중하게 구매해야 한다.

⑤ ~할 때 ~정리하기

작은 일을 미루면 큰일이 된다. 움직이지 않고 변화가 일어나기를 바랄 수는 없다. 평소에 조금씩 하면 큰 에너지를 쓰지 않아도 정리할 수 있다. 이왕이면 ~할 때 ~정리하는 〈짝꿍 정리 습관〉을 들여 보자. 샤워할 때 화장실 정리하기, 집에 들어올 때 신발 정리하기 등 큰 결심을 하지 않아도 다른 일과 함께 실천할 수 있는 정리를 해보는 것이다. 보통 어디서부터 해야 할지 엄두가 나지 않아 정리를 미루거나 포기하는데 소소한 행동들이 기분 좋은 쾌적함을 만들어준다. '대청소'는 1년에 꼭 필요할 때 몇 번만 하고 짝꿍으로 묶어서 할 수 있는 일들을 만들어 보자. 정리 유지의 지름길이 보일 것이다.

마법의 정리 액션!

① 외출할 때 바닥에 놓인 물건 치우기

② 외출할 때 음식물 쓰레기 가지고 나가기

③ 들어올 때 청소기 끌면서 오기

④ 샤워할 때 벽면 한쪽 닦기

⑤ 입은 옷 벗은 후 제자리에 두기

⑥ 적고, 머릿속 비우기

머릿속 생각도 정리대상이다. 생각을 눈에 보이게 만들면 정리할 것들이 보인다. 아침에는 오늘 할 일을 적어보고 실천 후에는 완료 처리하며 지우면 성취감도 올라간다. 생각이 많아 머리가 아플수록 원인이 무엇인지 적고 그려보자. 고민해도 해결되지 않는 것들이 있고 조금 더 깊게 생각하면 방법이 보이는 것들도 있다. 정리단계에 적용했던 것처럼 꺼내보고 나눠보며 머릿속에는 중요한 것만 남기고 비워보는 것이다. 덜어내는 것도 무엇이 있는지 알아야 할 수 있다. 메모광이었던 아인슈타인은 "잊기 위해 적는다"라고 했다. 한계가 있는 머릿속 가동능력을 최대화하려 했던 아인슈타인다운 지혜이다. 머릿속 정리, 적어서 눈에 보이게 만들고 살펴보자. 한결 가벼워진다.

⑦ 정리 상태 사진으로 기록하기

정리 후 기분 좋은 상쾌함을 느껴보았는가? 먼지 먹고 몸이 힘들어도 정리 후 상태를 보면 기분이 좋아 다시 에너지가 채워지는 느낌이 든다. 운동을 하며 몸을 괴롭혀도 하고 난 후 느껴지는 보람과 같다. 좋은 경험을 하고 나면 그 기분을 다시 느끼기 위해 노력하게 된다. 처음에는 어렵게 느껴지지만 막상 해보면 별것 아니라는 것도 깨닫게 된다. 정리 후 기분 좋은 상태를 사진으로 기록해보자. 정리 전 상태를 먼저 찍어놓고 비교해보는 것도 좋은 방법이다. 사진으로 보면 더 객관적으로 문제점, 개선해야 할 점들이 보이고 다른 사람에게 공유해서 조언을 받거나 정리 후 칭찬을 받는 것도 꽤 기분 좋은 일이다. 거실 혹은 아이 방과 같이 여러 명이 관리하는 공용공간의 경우 정리 후 상태를 사진으로 찍어서 붙여놓고 유사하게 다시 정리할 수 있도록 독려하는 것도 방법이다. 서로의 눈높이를 확인해볼 수 있고 시행착오도 줄일 수 있기 때문이다.

⑧ 현관 비우기 습관 만들기

집에 사는 가족뿐 아니라 손님들도 제일 먼저 만나는 공간이 바로 현관이다. 작은 공간이지만 그곳이 전달하는 다양한 메시지가 있다. 집을 상상하게 하는 첫인상, 첫 관문으로 역할을 잘하고 있는지 살펴보아야 한다. 무엇보다 청소상태가 중요한데 외부에서 오염된 온갖 흙, 먼지들이 고스란히 바닥에 남기 때문에 자주 치워야 한다. 그런데 현관 바닥에 각종 신발과 물건들이 나와 있다면 어떨까? 청소가 번거로워 자주 할 수 없다. 신발장을 정리해 신을 신발만 남기고 여유를 두어 인당 두 켤레 이상은 현관 바닥에 나오지 않도록 해야 한다. 최소한만 남겼다 하더라도 식구가 많으면 이 또한 적지 않기 때문이다. 좋은 기운을 불러온다고도 하는 현관, 정리의 우선순위를 높여서 깔끔함을 유지해보자.

⑨ 정리 목적 기억하기

정리를 하면 긍정적인 효과들이 무궁무진하지만 실행하는 방법과 모양은 사람마다 집마다 다를 수 있다. 상대적으로 짐이 적어야 정리가 수월해서 '비우기'를 추천하나 덜어내는 것 자체가 어려울 수 있고 줄여도 구조화가 되지 않아 정리가 쉽지 않은 경우도 있다. 여기서 중요한 것은 '나와 우리 가족을 위한 정리의 목적'을 설정하고 실천해야 한다는 것이다. 어떤 결과를 바라며 정리를 하는지, 정리의 방법은 어떤 방향으로 할 것인지 말이다. 정리한다는 명분으로 가족에게 스트레스를 주고 있지는 않은지, 자신 또한 너무 많은 시간을 정리에 쏟고 있지는 않은지 살펴보자. 무엇보다 중요한 정리의 목적은 더 중요한 것을 잘 남기기 위한 삶의 도구라는 것, 잊지 말자.

⑩ in and out, 좋은 흐름 만들기

물건도 정보도 넘쳐나기에 나와 우리 집만 늘 심플하게 유지하기란 쉽지 않다. 무엇보다 좋은 것들은 새로 집어넣고 쓰지 않거나 불필요한 것들은 덜어내며 좋은 흐름을 만들어주는 것이 필요하다. 불필요한 것들을 덜어내야 여유와 공간도 생기고 더 좋은 것들을 담을 수 있다. in and out, 매일 하나씩 비우기도 좋고 하나 들어오면 기존 것 하나는 덜어내는 방법도 좋다. 좋은 흐름을 만들면 더 소중한 것들이 보인다.

시작해보자.

정리를 통해 당신의 삶에 기분 좋은 변화가 일어나기를 응원한다.